U0323612

浙江省网络气象
服务手册

主编◎李　建

气象出版社
China Meteorological Press

图书在版编目(CIP)数据

浙江省网络气象服务手册 / 李建主编. —北京：
气象出版社，2015.10
ISBN 978-7-5029-6206-7

Ⅰ. ①浙…　Ⅱ. ①李…　Ⅲ. ①互联网络－应用－气象
服务－浙江省－手册　Ⅳ. ①P451-62

中国版本图书馆 CIP 数据核字(2015)第 215860 号

浙江省网络气象服务手册

李　建　主编

出版发行：气象出版社

地　　址：北京市海淀区中关村南大街 46 号　　　邮政编码：100081
总 编 室：010-68407112　　　　　　　　　　　发 行 部：010-68409198
网　　址：http://www.qxcbs.com　　　　　　　E-mail：qxcbs@cma.gov.cn
责任编辑：颜娇珑　邵　华　　　　　　　　　　终　　审：袁信轩
封面设计：博雅思企划　　　　　　　　　　　　责任技编：赵相宁
印　　刷：北京中新伟业印刷有限公司
开　　本：889 mm×1194 mm　1/32　　　　　　印　　张：7.5
字　　数：200 千字
版　　次：2015 年 10 月第 1 版　　　　　　　　印　　次：2015 年 10 月第 1 次印刷
定　　价：30.00 元

《浙江省网络气象服务手册》
编写委员会

主编单位：浙江省气象服务中心

主　　编：李　建

编　　委：梁晓妮　沈萍月　马琰钢

郑伟才　王　颖　朱　萍

刘　娟　邓　闯

校　　对：程　莹　阮小建　魏　晨

序

　　从农耕时代、工业时代到信息时代，技术力量不断推动人类发展进步。当今，互联网作为生产力发展的催化剂，正以改变一切的力量，在全球范围迅速掀起一场深刻的变革。网络气象服务，是气象科技和互联网的融合，以其信息存储的海量性、信息更新的及时性以及信息获取的便捷性，有力提升了气象服务的能力和水平，带给公众更为丰富优质的服务体验。

　　浙江拥有3300万网民，老百姓信息消费能力强，互联网应用广泛，对网络气象服务的需求旺盛。多年来，浙江气象部门致力于探索和推进网络气象服务，于2000年创办了首个面向公众的气象服务网站，2009年推出了浙江气象民生网，2010年底在浙江气象民生网的基础上，浙江天气网完成升级改版并正式上线。经过多年的发展，浙江天气网已逐渐成为知名的网络气象服务品牌。到2014年，全省气象网站日点击量达220万人次，网络气象服务已经成为公众获取气象服务的选择之一。同时，为顺应新媒体的发展趋势，省气象服务中心还研发了"智慧气象"手机客户端，推动移动互联技术与气象服务实践相结合，打造老百姓身边的气象台，进一步扩大了气象服务在移动终端的覆盖面和影响力。

　　为进一步提升气象信息处理应用的能力，更好的利用新技术开展网络气象服务，浙江气象科技人员对多年来网络气象服务的技术、方法和规范等进行了归纳梳理和总结凝练，形成了《浙江省网络气象服务手册》（以下简称《手册》）。《手册》的出版，将为各级台站网络气象服务业务的开展提供可参考可借鉴的系统性规程，也将进一步提升浙江气象部门网络气象服务的整体水平。

千方百计满足千家万户（各行各业）对千变万化的气象信息的需求是气象部门的根本宗旨。衷心希望全省广大气象业务服务人员能牢牢把握公共气象的发展方向，牢固树立民生气象的服务理念，不断丰富网络气象服务的内涵，不断提高气象科技与网络技术结合的能力，更好的发挥网络气象、移动互联气象在服务经济社会发展以及民生和谐中的重要作用。

值此《手册》出版之际，谨向在编写过程中给予大力支持、悉心指导的领导专家和付出辛勤劳动的科技人员表示衷心的感谢。

浙江省气象局局长　黎健

2015 年 6 月 16 日

前　言

当今社会，信息技术的不断发展让庞杂的气象信息从收集、运算、加工到传播的各个环节都越来越多地依赖于网络。随着气象服务需求的不断深入及网络媒体的迅速崛起，具有交互性强、信息获取便捷等特点且拥有海量信息支撑的网络气象服务广获青睐。

为紧跟时代步伐，浙江省气象局以天气网站、手机客户端等为载体和传播渠道，不断拓展网络气象服务体系。2010年底，"浙江天气网"上线运行，不断向"成为浙江网民了解浙江气象的第一选择、第一权威和第一满意的网站"这一目标靠近；2012年4月，浙江气象商城正式上线，积极探索并实现了小额网络支付气象服务模式；2013年4月，"智慧气象"手机客户端开始正式商业运行。浙江网络气象服务逐渐成为公众获取气象信息和服务的重要手段，也成为气象服务现代化水平不断提高的重要平台。

经过几年的摸索，浙江省气象服务中心从工作实际出发，借鉴各地网络气象服务发展的宝贵做法和经验，并结合公众的需求和反馈意见，编写了这本《浙江省网络气象服务手册》（以下简称《手册》）。本《手册》从网络气象服务的重要性和科技发展的新形势出发，立足于浙江省实际业务工作，从气象网站的设计开发建设、气象服务产品的包装加工和应用，以及微博、微信、手机客户端等新媒体的探索实践等方面进行了梳理和总结，同时针对网络服务平台的整体架构、网络数据安全的监控报警等技术进行了归纳整理，内容较为全面。涉及网络气象服务实际工作中的技术方法和规范等问题，可供网络气象服务人员在业务中参考使用。面对网络技术、信息科技飞速发展的新形势，如何不断提升气象信息处理应用的能力，如何更好的利用新技术做好网络气象服务，我们未来仍有大量的工作需要探索、实践和改进，《手册》只是阶段性工作的总结，不断创新发展仍是我们永恒的话题。

在《手册》的编写过程中，得到了浙江省气象局有关领导和专家的关心、支持和帮助。浙江省气象局局长黎健亲自为本书作序；浙江省气象局领导王仕星、王东法以及应急减灾处朱菊忠处长和政策法规处李慧武处长对手册的编写给予了诸多指导；浙江省气象服务中心多次组织专家对《手册》进行讨论。浙江省气象台、浙江省气候中心、浙江省气象科学研究所、浙江省气象信息网络中心、杭州市气象局等有关单位领导和专家对《手册》提出了许多建设性的意见和建议。浙江省气象服务中心《手册》编写组认真开展资料收集、归纳分析、总结等工作，付出了艰辛的劳动。借此机会，谨代表浙江省气象服务中心向关心、支持、参与《手册》编写的各位领导和专家表示衷心的感谢！

由于水平有限，书中错漏和不妥之处在所难免，恳请各位同行批评指正。

浙江省气象服务中心主任 杨忠恩

2015 年 6 月

目 录

第1章　概　述

1.1　网络媒体

20世纪末21世纪初，人类已步入互联互通的信息时代，网络随着社会经济的发展已经成为信息传播的最好和最快的平台，人们生产、获取和消费信息的方式发生了根本性的转变。特别是随着各种网络增值服务（如网站、电信、移动数据等）的推出，网络成为一种方便快捷的交易渠道，各种信息通过网络快速传播。当前，互联网已经成为影响我国经济社会发展、改变人民生活形态的重要媒介。

1.1.1　总体规模

目前我国网民规模仍呈增长态势。据2014年《第33次中国互联网络发展状况统计报告》（以下简称《报告》）显示，截至2013年12月，中国网民规模达6.18亿，全年共计新增网民5358万人。互联网普及率为45.8%。中国手机网民规模达5亿，较2012年底增加8009万人，使用手机上网的人群占比提升至81.0%。我国网民中农村人口占比28.6%，规模达1.77亿，相比2012年增长2101万人。

1.1.2　趋势与特点

我国网民规模稳定增长,手机上网依然是网民规模增长的主要动力。据《报告》显示,手机网民保持良好的增长态势,年增长率为 19.1%,手机继续保持第一大上网终端的地位。而新网民较高的手机上网比例也说明了手机在网民增长中的促进作用。2013年中国新增网民中使用手机上网的比例高达 73.3%,远高于其他设备上网的网民比例,手机依然是中国网民增长的主要驱动力。

另外《报告》中称,高流量手机应用发展较快。2013 年,手机端视频、音乐等对流量要求较大的服务增长迅速,其中手机视频用户规模增长明显。截至 2013 年 12 月,我国手机端在线收看或下载视频的用户数为 2.47 亿,与 2012 年底相比增长了 1.12 亿人,增长率高达 83.8%。手机端高流量应用的使用率增长主要由三方面原因促进:首先是用户上网设备向手机端的转移;其次,使用基础环境的完善,如智能手机和无线网络的发展吸引更多用户使用手机上网;最后是上网成本的下降,如上网资费降低、视频运营商和网络运营商的包月合作等措施降低了手机视频的使用门槛。

1.2　网络气象服务

网络气象服务即基于网络平台的新兴气象科技服务项目,是传统气象科技服务在网络上的新发展。它可以结合新闻媒体把气象科技服务延伸到社会的各个角落,基本达到无缝隙覆盖。网络气象突破传统的气象信息传播方式,在视、听、感方面给公众全新的体验,网络气象服务可提供予用户的信息远比其他任何手段都丰富生动得多。

　　随着信息交互水平的不断提高,能够提供个性化和灵活交互手段的网络气象服务越来越显示出较其他媒介的强大生命力。随着信息技术的发展,庞杂的气象信息从收集、运算、加工到传播的各个环节也越来越多地依赖于网络。原先,缺少交互能力、低信息容量的服务方式的魅力正在逐渐丧失,而具有交互性强、信息获取便捷和海量信息支撑的以网站、3G 为主导的网络气象服务正方兴未艾。

1.2.1　移动通信技术的发展

　　1995 年问世的第一代(1G)模拟制式手机诞生,只能进行语音通话。

　　1996 到 1997 年出现的第二代(2G)GSM,CDMA 等数字制式手机增加了接收数据的功能,如接收电子邮件或网页。

　　继 2G 移动通信技术之后,第三代数字通信技术(3rd-generation,3G)是指支持高速数据传输的蜂窝移动通信技术,其数据传输下行速度峰值理论可达 3.6Mbps,上行速度峰值也可达 384Kbps。3G 服务能够同时传送语音及数据信息,主要特征是提供高速数据业务。相对第一代模拟制式移动通信技术和第二代 GSM,CDMA 等数字制式移动通信技术,第三代技术推进了无线通信与国际互联网等多媒体通信的结合,基于这种技术的新一代移动通信系统必将与互联网紧密结合,其中 WAP 与 Web 的结合是一种趋势,如时下兴起的微博客网站、手机购物网站、掌上电子邮件系统等。

　　3G 与 2G 的主要区别是在数据业务传输的速度上的提升,正是由于速度的提升促进了多媒体信息业务的发展,可以声形并茂地描述各类消息。另一个显著区别是基于 3G 网络的移动设备能

够在全球范围内更好地实现无线漫游,并处理图像数据、语音数据、视频流等多种媒体形式,提供包括网页浏览、电话会议、电子商务等多种信息服务。

1.2.2　移动通信技术的特点

移动通信技术的突出特点体现在带宽和速度上,业务更侧重于多媒体化、多元化、个性化的发展,其重要特点是多样化的数据业务。3G 业务的主要特点有:

1)多媒体化。移动多媒体业务是移动通信技术的主要特点,它提供个性化多媒体业务的能力。网络手机具备了电脑和互联网所具备的特点,如流媒体业务、IMPS、手机音乐、手机搜索、游戏、手机视频、移动电子商务等。

2)交互性。如图 1.1 所示,移动通信技术具有互联网技术的特征,允许用户在被动获取信息的同时可以随时随地的主动与服务器端交互,形成良好互动。这又是移动网络的一个显著特征。

3)业务多样化。基于移动通信技术的数据业务种类有了很大的扩展,除了传统的通信类业务外,信息类、娱乐类、互联网类业务都更加丰富。

4)移动性和位置相关性。移动性是手机所特有的特点,手机的移动性与位置相关性使手机具有了更多的功能,如 GPS 定位和导航、防灾减灾预警、紧急搜救等。具有 2G 向 3G 网络过渡阶段的 Blackberry 技术曾经在美国"9·11"事件搜救任务中扮演了一个重要的角色,主要就是依赖其可靠的网络保障和丰富的数据业务。

5)人性化。由于 3G 技术丰富的表现形式,针对不同的受益群体,设计和提供的个性化业务满足不同用户的需求。如面向大

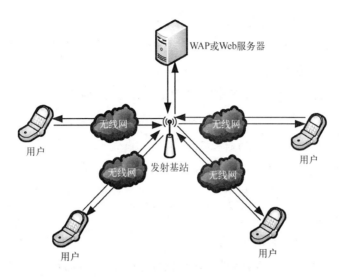

图 1.1　基于 3G 网络的气象信息服务模式示意图

众用户的气象视频点播、气象预报、实时气象信息、灾害预警;面向高级用户的卫星云图、台风路径;面向专业用户的气候统计数据、历史气象信息等。针对性地提供专业信息,既提供了丰富完善的气象信息数据,又不会使用户陷入到大量数据信息中。

　　6)成本优势。采用基于 WAP 或者 Web 技术的形式,3G 网络数据业务采用流量计费,传送相同数据量的消息比使用短消息机制成百倍降低。

1.2.3　基于 3G 技术的气象服务模型设计

　　目前 3G 网络理论速率已能达到 3.6 Mbps,实际速率平均大于 300 Kbps,完全能够满足气象信息中声音、图像、视频信息的高速传输,而随着通信和网络技术的发展,网络速率还会提高,因而利用 3G 网络作为载体,气象信息服务将进入一个新型服务模式。

基于 3G 网络可以提供更多的气象服务产品,例如:多参数天气预报、气象卫星云图、视频点播、实时气象查询、专家互动、气象历史数据查询、统计特征、气象预警等全面的气象服务。

在发布的内容方面,网站气象服务方面可设置的主要内容有:文本信息、图像数据、视频数据、信息查询服务四大类。

文本信息:文本信息是气象服务中最基本的元素。如全市天气、全省主要城市天气预报、景点天气预报、全国各城市天气预报、三小时天气预报、一周天气预报、一旬天气预报、城市指数预报、天气公告、气象知识等。

图像数据:能显示静态和动态卫星云图、雷达图、台风路径图等。

视频数据:互动视频是 3G 手机特色的体现,因而在 3G 手机平台上开发各类气象节目视频产品是一个新的方向。从服务角度来看,也可以说是一个新的增长点,那么,视频产品开发方面可根据公众的需求设立视频内容,如趋势预报分析、各种生活指数预报、天气实况信息、海洋风力预报信息、气象科普、重大天气直播等。

信息查询:该类服务为用户提供查询天气实况、雨情信息、历史数据等信息,通过实时查询和条件查询对一些站点气温实况、雨量实况、时段雨量、日雨量、降水量等进行查询。

就用户体验而言,在信息发布的形式方面,气象服务不采用移动短消息形式发布,采用服务端 WAP 或者 Web 网站作为服务载体。网站内可以实现浏览、查询、推荐导读和订阅服务。用户可以自主浏览,也可以订阅信息,对于订阅信息的用户采用 WAP PUSH 链接推送的形式发布网络地址链接,用户通过点击链接进入相关的主题,可以获得尽可能全面详细的信息,用户可以根据需求选择感兴趣的内容浏览。

对比而言,Web 标准不统一,3G 客户端类型各异,WAP 标准通用性好,但是 WAP 网站的建设比 Web 网站建设要求要高。气象服务注重信息的快速性、便捷性和广泛性,对于信息量和表现形式要求不迫切,所以选择 WAP 技术进行网站的设计更具有优势。图 1.2 是使用 WAP 技术设计的浙江气象信息服务网站,以 3G 网络为传输介质,使用 3G 手机为客户端的用户体验界面。设计的网站中按照用户需求建立了页面的分类视图,点击可进入相应的主题。

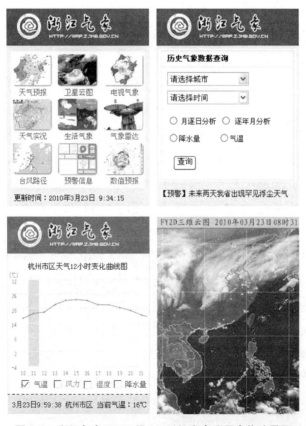

图 1.2　浙江气象 WAP 网 3G 手机客户端用户体验界面

第三代移动通信技术提供了高速稳定的网络环境,使得手机、PDA 等便携移动设备可以顺利接入互联网,在这种条件下把互联网络与 3G 技术紧密结合,应用到气象信息服务是可行的,从根本上满足了公众服务和专业用户对气象信息的需求。较之第二代移动通信技术,基于 3G 移动通信技术的气象信息服务具有更大的活力,是一次较大飞跃,在快速性、便捷性和广泛性方面具有更高的综合指数。

1.3 浙江省网络气象服务发展

近年来,全球变暖,气候变化异常,自然灾害频发,对人们的生产生活带来很大的威胁,由此人们更加关注气象,关注天气的变化。同时,浙江省经济发展处于全国前列,且由于所处地理位置的因素,每年遭受台风、暴雨、冰冻等自然灾害的影响,经济损失惨重。无论从人民大众的生产生活来讲,或是对于政府的抗灾减灾决策而言,都迫切期望能在第一时间,以多种途径获取气象信息。

早于网络气象服务,浙江省气象服务中心的声讯、短信、影视等公众气象服务承担着气象信息传播的重要工作,然而气象服务需求不断深入以及网络媒体迅猛发展,气象信息海量性和天气实况的实时性要求有一种更适应服务发展的新的服务手段的出现,因而促进了浙江省气象服务中心网络气象服务的发展。网络气象服务的信息存储海量性、信息更新及时性以及信息获取便捷性等都优于以往任何一种服务手段,也符合信息传播的发展需求。

　　浙江省气象局于 20 世纪 90 年代初便开始利用 NetWare Access Server 网络（NetWare Access Server 简称 NAS，是 Novell 公司为解决远程用户、移动用户通过拨号线、专线、X. 25（PSTN、CHINAPAC）以仿真方式访问 Novell 局域网，执行网络上的应用程序、联机数据库查询、访问网络资源等问题而推出的产品，并可与 CONNECT，MPR 等配合使用）为民航等部门及行业提供网络气象服务。

　　到 2000 年 Internet 开始普及后，建立了面向对象为公众的对外服务网站，主要提供 1 天 1 次的全省及杭州的 1～3 天预报、卫星云图，1 天 1 次人工观测的杭州站最高最低温度、气压、湿度等要素的天气实况，以及简单的台风影响文字信息。

　　2004 年 Internet 网络有了进一步的发展，通过与杭州网通合作在杭州网通的网络平台上建立了专门的"气象频道"，为用户提供更为详细的气象信息。

　　2009 年，浙江省气象服务中心建立了浙江气象民生网，即为浙江天气网的前身。浙江天气网在浙江气象民生网的基础上进行升级改版，于 2010 年 12 月 15 日正式上线，成为中国天气网第一批上线运行的省级站。此后，浙江省气象服务中心进行了市县级天气网站的整合工作，分别于 2012 年底、2013 年底完成，形成了一个统一的网络气象服务品牌。

　　此外，面对汹涌的手机上网大军，利用手机传播气象信息成为大势所趋。浙江省气象服务中心于 2010 年 1 月开始自主研发手机 WAP 网站，并很快在汛期投入使用。全国第一个商用的气象服务手机客户端——智慧气象也于 2013 年 4 月份正式商业运行。

目前,浙江省的网络气象服务主要是以网站、手机 WAP 网、手机客户端等为载体和传播渠道开展的气象服务工作。针对网络的公众气象服务要从提高全民生活质量着手,制作贴近生产生活的服务产品,同时在气象灾害到来之际为防灾减灾做好准备。

公众气象服务围绕产品的"适用度"、获取的"便捷度"、信息的"覆盖度"和公众的"知晓度"指导气象服务工作。对于网络气象服务而言,通过丰富气象产品服务表现形式等提高气象服务产品的"适用度",通过强化信息发布传播渠道建设提高气象产品获取的"便捷度"和推进信息的"覆盖度",通过气象科普宣传提高公众"知晓度"。气象服务工作发展的具体目标就是不断扩大气象产品服务消费用户数、不断增加气象产品和服务的消费量、不断提高气象消费(产品和服务)的满意度。

浙江网络气象服务工作要求在服务防灾减灾、服务公众和行业以及气象科普等方面有更进一步的提升。

(1)增强责任意识 服务防灾减灾

自"5·12"全国防灾减灾日确立以来,人们的防灾减灾意识越来越强烈,浙江天气网也以越来越严格的目标要求自己,为政府的防灾减灾工作,为行业的防灾减灾需求第一时间提供服务。对于突发灾害性天气的预警信息发布,目前网络气象服务工作结合最新的网络技术,实现预警信息在浙江天气网、手机 WAP 网站以及手机客户端等平台的自动发布,以最快的速度向社会发出防灾减灾信号,为各级部门和公众做好灾害防御准备赢取时间。作为台风影响大省,浙江每年因台风影响受到的经济损失、人员伤亡不容忽视,浙江网络气象服务始终将台风服务工作放在重要位置,常年设置台风天气版块,当有台风影响时,会及时通过网络将路径预报、实况、灾情等一系列信息直观、高效地展示出来,服务于全民和政府的防台工作,减少损失。对于受人类活动影响而越来越显著的气候变化,网络气象服务提供气候变化公报、全球新闻、趣味图文等与气候相关的内容,以多手段、多角度让人们了解气候变化与人类活动的关系。

网络气象服务离不开技术支撑,为了以最快、最准的方式发布气象信息,尤其是气象灾害预警信息,发挥好灾害防御"发令枪"的作用,浙江网络气象服务以高度的责任心和使命感面对气象防灾减灾的服务工作,以实际需求为指引,立足于科技前沿,不断研发与时俱进的新的传播手段。

(2)抓重要天气过程 提高服务质量

一年中的特殊天气、转折性天气,尤其是梅雨、台风等对社会公众影响比较大的灾害性天气的气象服务,是气象服务工作的重点。一次重要天气的过程服务关系着政府决策、各行各业、公众生活的方方面面,在服务中更应考虑全面,既要有针对政府决策的参考信息,还要有针对行业的专业信息,也要有指导公众的通俗信息。重要天气过程的服务在网站、手机 WAP 网、手机客户端同步跟进,极大地扩大了服务覆盖面。

(3)注重科普板块建设

在浙江天气网、手机气象站、3G 网站等多渠道开通气象科普板块,定期更新各类气象科普信息。如有关 13 类气象灾害的权威名词解释、气象灾害防御指南、极端天气气候事件、生活百科等以及专家连线、热点解析等,将气象过于专业、不易于理解的现象和知识以通俗浅显的方式告诉公众,引导公众对气象的理解和关注,从而实现对气象灾害的认识和规避,推动全社会对气象科学更好的运用,最终达到有效指导防灾减灾的目的。

(4)增加服务产品 丰富表现形式

浙江天气网为省内专业的气象服务网站,其权威性不言而喻。而作为服务于公众,服务于社会的气象网站,深奥的专业产品并不利于网站的持续发展,因此在网页策划设计和内容版块设置中除专业产品外还有体现方便实用性的气象产品。公众应用各种网络终端获取的气象信息,不仅有体现专业性的气象信息产品,如温度、降水、风力、雷达等监测资料及其实时排名、曲线变化图等,还有融入生活的实用性气象服务产品,如可私人定制的城市天气、出行路线天气查询和与生活息息相关的各类天气资讯等。

将专业的气象信息以通俗易懂的表现方式发布,能帮助公众更好地理解气象信息、使用气象信息。不断开发百姓适用、实用、好用的公众气象产品,研发出有行业针对性的专业气象服务产品是未来网络气象服务一项非常重要的任务。

(5)增强互动 不断提高满意度

不同于报纸之类的传统媒体中用户只能看不能说,网站设计中加入互动版块,可以让用户在这里畅所欲言,发表自己的意见。例如,天气网希望通过听到用户使用后反馈的声音从而取得进步,因此充分利用网站的互动潜能,设置局长信箱和气象满意度调查。它们就是那只听声音的"耳朵",用户有任何意见或建议,只需要花上几分钟就能完成。它们留给用户发言权,使用户有被尊重的感觉,从而拉近彼此的距离。互动版块不仅给予了用户对于天气网提供的气象服务的一种评价与反馈的权利,提高用户参与气象服务的积极性,还使用户在网站的不断探索与进步中扮演着越来越重要的角色。

第2章 网络架构

2.1 网络逻辑架构及业务服务体系

2.1.1 逻辑架构图

网络气象服务业务逻辑架构主要由5个层次构成,分别为:基础层、平台层、存储层、处理层和应用层。同时这5个业务逻辑层的正常运行需要依赖于业务监控系统、网络安全体系以及制度标准规范的综合保障。如图2.1所示。

(1)基础层

基础层是整个业务系统的基础资源,不仅包括硬件设备,而且也包括网络带宽等虚拟资源,主要用于支撑业务中所有上层应用对底层资源的需求。一方面,它直接作为物理实体资源,为上层流程调度、数据处理、网络负载等提供服务;另一方面,它将底层的物理资源进行抽象虚拟化,变为具有独立功能的操作对象应用于上层,方便运维的同时,也易快速扩展。

(2)平台层

平台层是建立在基础资源虚拟机或者服务器之上的数据共享、处理、开发运行等系统。一方面是用来存储包括文字、图片、视频等结构化和非结构化数据的数据库系统或者文件系统;另一方

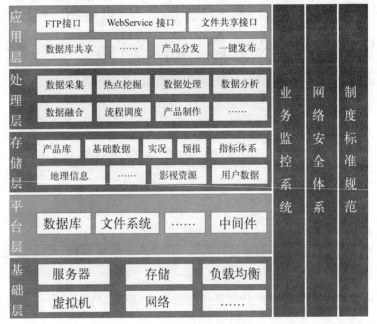

图 2.1 网络气象服务业务逻辑架构图

面是用来运行数据运算处理等功能的 JAVA,.NET 等系统环境。鉴于信息技术的快速发展,下一步会引入分布式存储、分布式计算等新兴平台技术。

（3）存储层

存储层是上层业务应用所需的相关数据集合。一方面包含常用气象实况、预报、历史、格点数据等基础数据信息;另一方面也涵盖了业务应用所需的产品库、地理信息、用户数据等辅助性的重要数据。在实际业务中,这些结构化和非结构化的数据基于业务调度系统进行协作运算,通过一定的数据模型和算法运算为内部和外部用户提供服务。

（4）处理层

处理层在存储层之上，是对存储层的数据进行统一调度、数据处理，制作产品的统称。处理层为每个数据创立了数据生命周期，对存储层中的各类数据进行资源统一调度，从而实现自动、半自动化的通过定义好的触发方式及接口向平台内部和外部传输数据。整个业务流程做到可视化调度和编排，通过服务中心业务系统为用户提供服务。

（5）应用层

应用层为整体数据服务总线提供统一的服务出口，综合利用各种发布手段，实现数据发送的统一管理。它允许用户通过自定义数据的具体需求，并在获得权限的情况下，系统按照触发模式运行计算模型，为用户提供数据服务。同时系统对用户获取数据的行为进行记录，一方面便于业务管理人员进行监控、调度；另一方面便于后期对用户行为数据进行大数据分析，挖掘更深的潜在用户需求。

（6）业务监控系统

业务监控系统一方面实现对业务架构中涉及的各个部件的运行情况、性能变化、I/O吞吐量等整体监控和管理，提供监控展示界面，便于业务人员全面掌握设备的运行状态，并做调配策略和管理。另一方面对整个业务调度过程中数据产品的传输、加工、处理等流程进行监控和展示，便于业务人员实时把握数据在生命周期中的流转情况，确保数据调度正常，数据服务稳定运行。

（7）网络安全体系

网络安全体系是整个业务系统正常运转的安全保障。一方面安装了防火墙、Web 防火墙、防篡改系统、及 IDS 入侵检测等一系列安全设备;另一方面在日常的网络搭建、运维及软件开发过程中,建立了一整套管理体系和规范,从而避免不必要的漏洞。网络气象服务网络架构如图 2.2 所示。

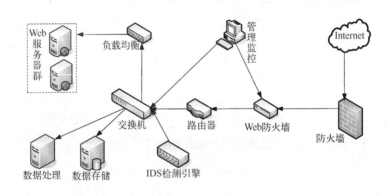

图 2.2　网络气象服务网络架构图

(8)制度标准规范

为确保业务流程和资源调度更好的运转,特制定了制度标准规范,以规范人员操作,确保服务有序稳定。其内容除了涉及相关产品制作规范及标准之外,同时也涵盖了日常业务开展的工作制度等信息。

2.1.2　网络气象服务业务体系

网络气象服务业务体系旨在表征网络气象服务产品从数据源输入,到中间产品加工制作,最后到服务产品的输出并对外提供服务应用的一个整体业务流程架构。

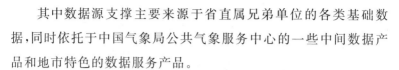

其中数据源支撑主要来源于省直属兄弟单位的各类基础数据,同时依托于中国气象局公共气象服务中心的一些中间数据产品和地市特色的数据服务产品。

数据产品种类繁多,宏观上已涵盖了指数、预警、实况、预报、影视等各大气象数据类型;微观上包含温度、降水、相对湿度、风力风向、能见度、雷达、卫星云图等常规的气象要素;同时根据行业服务方向不同,有公共服务类的气象数据产品和行业服务类的气象服务产品,诸如交通、农业等方面的专业气象服务产品。

目前,日常数据存储主要以文件服务器、SQL Server 数据库、ORACLE 数据库等存储方式为主。但是伴随着业务量的扩展,数据产品的快速增加,为快速提升数据的利用率,以及结构化和非结构化数据产品的融合度,下一步拟采用大数据技术对数据进行存储和常规的快速处理。

公共气象服务业务系统是一个高度集约的一体化平台,它集成了数据产品的查询、加工制作、对外一键式发布功能,涉及信息平台、制作平台、发布平台和共享平台;并在此基础上对业务流程的监控平台,数据产品的评估平台以及在整个业务流程过程的交互平台。产品制作完成后,对外服务的数据产品主要通过文字图形类产品、XML 数据文件、视频类产品、WebService 接口等多种方式对外提供。服务手段有:网站、E-mail、传真、短信、微博、微信等。其具体的结构流程图如图 2.3 所示。

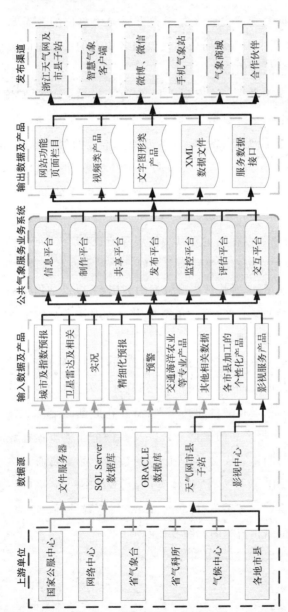

图 2.3　网络气象服务业务体系结构流程图

2. 2 网络负载均衡的设计与实现

2. 2. 1 利用 F5 LTM 实现应用服务器的集群

浙江天气网是采用 J2EE 软件框架设计,数据库为采用 ORA-CLE 10g,服务器操作系统采用 Red Hat Linux 平台,Web 服务中间件采用 JBOSS。其中网络逻辑架构根据服务器结构采用了三层结构布局模式,由下往上分别为数据层、应用层、安全层。其中数据层设备包括了磁盘阵列、数据库服务器、光纤交换机;应用层设备包括消息中间件服务器、系统日志服务器、工作流引擎服务器、内容管理系统服务器、权限认证服务器、搜索引擎服务器等;安全层设备主要是网络防火墙和 Web 防火墙,如图 2.4 所示。

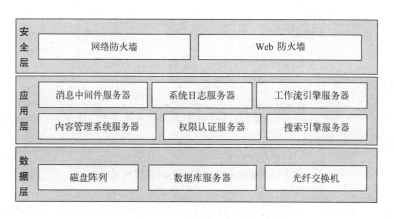

图 2.4 服务器布局结构图

根据以上设备布局,在突发性灾害天气和台风季节期间出现大访问量时,数据层和应用层的服务器将承受很大的运行和访问压力。如 2011 年的台风"梅花"期间,浙江天气网台风专题的小时访问量就达到 60 万人次。为了应对突发的高访问量带来的各层设备的运行压力,首先对应用层访问数据层的程序软件进行优化,对各种实时动态获取数据库的数据采用定时获取的方式来减少用户访问数据库的压力。该方式大大减少了数据层的运行压力,并有效的解决了数据层的问题。然而在应用层对用户的响应只能取决于应用层服务器的响应速度,单台普通的 JBOSS Web 应用服务器理论上能支持 1000 个用户的并发,在这种条件下使用 F5 LTM做 Web 应用服务集群来增加 Web 服务器的数量能很好地应对访问的瓶颈。使用 F5 LTM 后网络服务结构如图 2.5 所示。

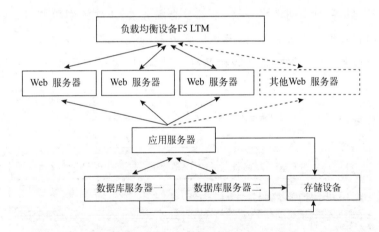

图 2.5 增加 F5 LTM 后的网络架构拓扑图

增加 F5 LTM 设备以后,用户可通过网络防火墙和核心交换机,使用 LTM 访问 Web 服务器。负载均衡器负责访问流量的分配,让多台 Web 服务动态分担流量。为了提高整体网络的稳定性和访问速度,考虑网站用静态页面技术,即在 Web 服务器与数据库服务器之间部署一台应用服务器,用于处理数据和静态页面生成,并将生成的静态页面自动分发到多台 Web 服务。这样部署的优势体现在:Web 服务器之间能相互备份,当其中一台服务出故障,并不影响其他 Web 服务的应用和访问;当数据库出现问题时,同样不影响 Web 服务器的应用和访问,数据库服务器之间还可实现数据同步,即数据库双备份。另外两台或多台服务器构建成一个负载均衡服务器群,多台服务器对外只提供一个共用外网 IP,群内各服务器使用单独的内网 IP 通信,相互检测及同步数据。通过配置网络负载均衡,可以有效地把对服务器网站的访问量分配到各服务器集群当中,避免因访问量过大而产生瓶颈。集群组中的任何一台服务器出现故障都不会影响网站的对外服务,组中的其他服务器会自动接管故障服务器的访问量及处理数据,从而实现多机热备份、多机负载均衡的功能。

2.2.2 利用 F5 GTM 实现服务器链路的负载均衡

浙江天气网主带宽主要采用电信接入,移动用户通过手机访问浙江天气网的 WAP 网站速度就相对比较缓慢,特别是在灾害性天气期间访问量最大时最明显。

为解决不同运营商间的网络访问瓶颈,以及拓宽网站访问带宽,浙江天气网增加了另外一路网络接入——移动光纤网络接入。实现具体办法如下:在 F5 GTM 上同时配置电信、移动不同链路的两个 IP 地址,例如提供电信、移动两条网络链路,并把需要提供双线路接入的网站应用服务的 DNS 解析地址修改为 F5 GTM 上配置的两个 IP 地址。用户访问浙江气象 WAP 网站时需要从 F5 GTM 上获取 DNS 解析的服务器地址,F5 GTM 利用 Quova 提供的 IP 地理位置数据库,可将用户路由到最佳的访问链路。QoS 负载均衡模式包含一个跳跃系数,该系数取决于客户端和本地 DNS 间的跳跃数量,系统根据跳速将用户发送到需要跳跃次数最少的访问链路,从而保证更快的访问速度。动态比率负载均衡模式将一部分流量依次发送到性能最佳的站点、性能第二佳的站点等等,与网络服务器资源的状态和性能成正比。在浙江气象手机气象网上具体表现为:通过移动网络访问的用户,GTM 将其导向到移动网络访问,电信用户访问时 GTM 将其导向到电信链路网络访问,如果有任何一个链路出现故障或不通畅,GTM 可以自动监测到,并将故障链路的用户重新导向到正常的网络链路。使用 F5 GTM 后前端网络接入的网络拓扑图如图 2.6 所示。

使用 F5 GTM 实现的多重连接技术将对内向型连接进行负载均衡,并以获得最高水平的可用性为目标而进行优化,因此,用户在访问集群站点时将不会出现延迟或服务中断现象。通过对服务器使用特殊 IP 地址,多重连接技术将可以实现这一目标;此时,服务器通过对外服务映射的 F5 LTM 将被配置多个 IP 地址,而这些 IP 地址来自于由多个 ISP 所分配的 IP 地址当中。随后,F5 LTM 通过策略路由和 NAT 方式对返回的数据包进行管理。通过以上架构的设计,实现了浙江天气网双链路的网络访问集群和实时的链路备份,大大提高了浙江天气网运行的可靠性和稳定性。

良好的网络架构对于高访问量下的浙江天气网极为重要,网络框架不好或应用技术不到位,容易引起网络设备过载、网络瓶颈等问题,从而容易造成网站运行不稳定和网络访问能力低等,在访

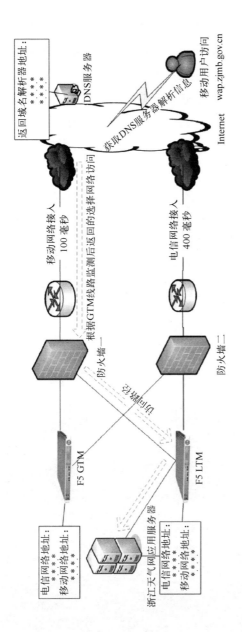

图 2.6 用户访问网络拓扑图

问量大的情况下就容易瘫痪。随着社会对日益增长的气象信息的需求不断提高,公众对浙江天气网的可靠性和稳定性提出了更高的要求。通过采用 F5 集群设备对浙江天气网的网络架构进行优化,提高了用户吞吐量和服务器响应时间,在发生灾害性天气用户大访问量期间很好地应对了各种流量高峰,得到了社会各界的认可,使浙江省公共气象服务业务能力得到提升。

第3章　产品设计制作

3.1　网站主要产品介绍

3.1.1　实况类产品

（1）温度实况

温度实况包含3个产品，分别为当前温度、24小时最高温度、24小时最低温度，数据来自中尺度自动站观测资料。可查看相应温度产品的全省分布图和最高温、最低温全省站点排名。

（2）降水实况

降水实况包含4个产品，分别为小时降水、近3小时降水、近6小时降水、近12小时降水，数据来自中尺度自动站观测资料。

（3）风力实况

在"全省极大风力分布图"中可查看浙江各地实时风力和风向。

（4）现在天气

现在天气内容包括降水、温度、风力和能见度等多个气象要素在当前时次的具体天气信息。

（5）雷达拼图

雷达监测展示的产品为浙江省雷达拼图。

（6）卫星云图

卫星云图主要为风云2D卫星云图和风云2E卫星云图。该产品内容由中国气象局下发，对应云图区域为中国大陆区域：$60°\sim150°E,5°\sim60°N$。

3.1.2 预报类产品

（1）3小时短时天气预报

3小时短时天气预报提供全省过去3小时天气情况汇总及未来3小时天气预报，以文本形式展示。更新频次：每日05时、08时、11时、14时、17时、20时。遇区域性灾害天气影响时在23时和02时增发预报。遇台风等重大灾害性天气影响时，每小时增发一次预报。

（2）短期预报

今、明、后3天全省天气预报，包括天空状况、降水情况、气温（最高气温、最低气温）、沿海海面风力预报（平均风力、阵风风力）等。更新频次：每日05时、11时、16时、20时。

（3）一周天气预报

提供未来一周的全省天气走势，以文本形式展示。更新频次：每日11时。

（4）1小时定量降水客观预报和3小时定量降水客观预报

即短临降水客观预报图，基于多普勒雷达、卫星、自动气象站和中尺度数值模式制作。更新频次：每小时。

（5）森林火险

提供未来 3 天森林火险气象等级预报,火险等级分 5 级:一级（低火险）、二级（较低火险）、三级（较高火险）、四级（高火险）、五级（极高火险）。更新频次:每日 16 时。

3.1.3 灾害预警类产品

（1）地质灾害气象风险预报（警）

通过浙江天气网的地质灾害,进入"浙江省地质灾害气象风险预报（警）发布系统",该系统由浙江省国土资源厅和浙江省气象局联合制作发布。

（2）气象灾害预警

气象灾害预警主要对一些潜在灾害性天气现象进行提前预警。预警范围包括全省预警及各地市县的预警,目前各地预警信息已全部实时上传至中国气象局。

浙江省预警信号分台风、暴雨、暴雪、寒潮、大风、大雾、雷电、冰雹、霜冻、高温、干旱、道路结冰、霾 13 类,根据各类严重性和紧急程度总体分Ⅳ、Ⅲ、Ⅱ、Ⅰ级四级标准（颜色依次为蓝色、黄色、橙色和红色）,分别代表一般、较重、严重和特别严重。

3.1.4 行业服务类产品

（1）农业气象

主要提供农业气象旬报和农业气象月报 2 个产品,由浙江省农业气象中心制作。

农业气象旬报和农业气象月报内容主要包含前期气候概况

（气温、降水、日照时数）、旬内农作物发育状况与农业气象条件（主要介绍应季农作物）、天气趋势与农事建议，同时配以平均气温、降水量、日照时数等分布图说明。更新频次：旬报每月更新 3 次（上旬、中旬、下旬）；月报每月月初更新。

（2）海洋天气预报

海洋天气预报提供未来 72 小时内浙江省责任海区、预报服务海区风力、风向和预报服务海区晴雨预报。更新频次：每日 11 时、16 时。

（3）海区风力等级预报图

海区风力等级预报提供未来 3 天东海海区风力等级预报图。更新频次：每日 08 时、20 时。

（4）空气质量指数

通过浙江天气网的"空气质量"链接，进入"浙江省环境空气质量指数（AQI）发布平台"，查看浙江省市县的 AQI 实时和日报。监测因子有二氧化硫（SO_2），二氧化氮（NO_2），臭氧（O_3），PM_{10}，$PM_{2.5}$，一氧化碳（CO），空气质量指数（AQI）。

此平台根据《环境空气质量标准》（GB 3095－2012）和《环境空气质量指数（AQI）技术规定（试行）》（HJ633－2012）的有关规定，发布浙江省内 153 个站点的空气质量状况，这 153 个站点由浙江省 11 个设区市的 47 个国控点位及浙江省大气复合污染立体监测网络中的 106 个县级点位组成。

（5）交通预报

交通预报主要提供全省高速公路气象预报。更新频次：每日 10 时、16 时。

（6）旅游气象

旅游气象主要提供全省主要风景区未来 24 小时天气预报。更新频次：每日 20 时。

3.1.5 气象影视类产品

气象影视主要包括浙江卫视、农情气象站气象影视节目、气象频道相关插播节目及各类新闻聚焦视频。以及在遇到台风、暴雨、严寒酷暑等恶劣天气情况下，实时从抗灾第一线发回的专题报道或者相关专题科普视频。更新频次：每日 18 时。

3.1.6 精细化产品

（1）乡镇精细化预报

乡镇精细化预报内容包含全省各乡镇的未来 48 小时、未来 7 天温度、降水预报，以及逐 3 小时预报和一周预报。预报要素包括温度、降水、天气状况、云量、相对湿度、风速等，通过选择乡镇名称或点击地理位置可查看乡镇精细化预报。其中温度以折线图显示，降水量以条形图显示，在图表中移动鼠标可以直观的查看相应时间的温度、降水预报信息。更新频次：每日 05 时、16 时。

（2）百岛天气预报

百岛天气预报包含了浙江省 100 个重要海岛精细化要素预报，通过输入海岛关键词进行模糊查询，或者选择不同海域（舟山海域、宁波海域、台州海域、温州海域）进行查看。预报内容为海岛未来 5 天的天气现象、气温、风向与风力。更新频次：每日两次（上午、下午各一次）。

（3）体感温度

在浙江天气网右侧边栏设置了"体感温度"栏目。体感温度是指人体感受到空气的温度，与平时气象中常用的气温不同，后者仅仅代表空气的冷暖程度，不能完全表示出人体对空气的冷暖感受。人体感受到的温度还与人体与空气之间的热对流有关，体感温度主要受气温、辐射、湿度、风等因素的影响。体感温度相比气温更接近人体的真实感觉。更新频次：每日 09 时。

3.1.7　新闻类

在浙江天气网首页显著位置设置了"天气要闻"版块，放置各类天气资讯、气象实况和气象新闻报道等，部分来源于网络和报纸转载，大部分由网络服务采编人员撰稿。采编人员根据天气情况，与公众生产生活相结合采写的气象新闻产品贴近百姓生活、关注行业动态，新鲜及时，是气象信息"先声夺人"的重要形式。

3.2　网络技术在形式表现中的应用

气象服务的最终目的之一是提高产品的适用性。气象服务产品能被公众理解运用，指导生产生活，才能体现其服务价值。因此丰富的气象服务产品是基础，而对这些产品采取浅显易懂的表现形式也显得越来越重要。在网络气象服务中，针对不同产品、不同传播渠道，气象服务产品应用了各种不同的表现形式，以适应服务的发展需求。

3.2.1　直接式

包括文字和图形，是指不经过任何加工、处理，将气象部门制作的气象服务产品直接发布到网络上。这类产品体现了服务的严谨性和权威性，一般对气象预警信息内容采取直接发布的方式。

3.2.2　图形化

原始气象服务产品大多以文字的形式提供给用户，对于网络服务而言，大量的文字容易使公众产生疲劳感，且不能很好抓住信息要点，不利于信息的高效传播。因此针对网络特性，通常会将文字信息以列表或图形的形式进行展示，经过处理的气象信息条理清晰，公众一目了然，包括条形图、线形图、饼式图、地图等。

条形图侧重表现各个数据值的情况，图中的每一个条形代表一种数据。线形图反映一个数据随着时间而产生的变化，即所谓的趋势。饼式图适合于反映各个数据在总体中所占的比重。地图可用来图示新闻发生地的具体位置，给人直观的印象，有时也可将新闻事件发生发展的过程形象地传递给公众。

在"智慧气象"手机客户端中，气象数值预报模式输出以数字化、网格化数据为主，将这些抽象的数据资料以图形形式展示，一方面便于公众使用，另一方面能更好的应用于手机等网络终端。"智慧气象"手机客户端对实况、预报等信息的色块图形展示功能与 GIS 相结合，具备更好的用户体验效果，如图 3.1 所示。

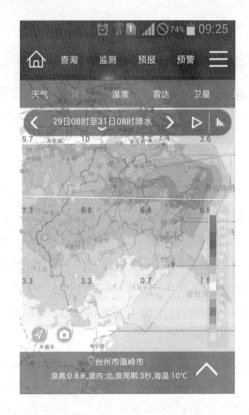

图 3.1 智慧气象客户端产品图

3.2.3 数据查询

网络具备分布式存储海量数据的优势,而如何方便快捷地从海量数据中提取公众所需的数据是气象数据利用的重要问题之一。在网络服务中为公众提供了查询功能,可根据公众的需求,自主查询历史、实况、预报内容,也可查询公路沿线天气、旅游景点天气等,发挥了气象数据的价值。

3.2.4 基于 GIS 服务

(1)基于 GIS 的地图展示功能

利用 GIS 技术并结合调用百度地图 API 接口,实现气象信息在地图上的展示,改变了气象信息单一的发布形式,具有良好的用户体验,如图 3.2 所示。

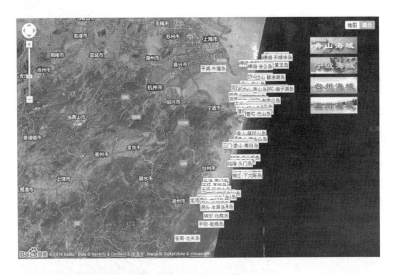

图 3.2　GIS 产品图

(2)基于 GIS 的预警报警功能

在浙江网络服务的多种服务平台下,运用 GIS 技术实现气象预警实时展示、报警和自动推送功能。

如浙江天气网的预警信息图标展示主要有两种方法:

1)灾害预警概况。预警信息以特定的预警信号简易图标动态显示在浙江省气象灾害预警发布平台上,当将鼠标移至图标上时,即可看到具体预警名称及发布时间等信息,如图 3.3 所示。

2)自动推送。当浙江省气象台发布预警时,浙江天气网、手机WAP 气象站和"智慧气象"客户端均能实现实时显示功能,一般网络上以飘窗形式显示,手机上是直接推送到首页界面。

图 3.3 灾害概况方式展示预警信息

3.2.5 网格化处理

为了满足用户的使用体验,气象服务结合手机定位功能提供

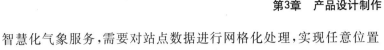

智慧化气象服务,需要对站点数据进行网格化处理,实现任意位置的气象信息服务。

利用插值算法实现站点数据的网格化。插值是在离散数据之间补充一些数据,使这组离散数据能够符合某个连续函数,然后进一步形成等值线或者色斑图。常用的插值算法有:反距离加权平均(IDW)、样条函数插值、克里金插值方法、Cressman 客观分析方法等。在"智慧气象"客户端中使用的是普通克立格法,该法是利用区域化变量的原始数据和变异函数特点,对未采样点的区域化变量的取值进行线性无偏最优估计的空间内插方法。

而对于天气现象的获取,目前在气象监测自动站的功能里没有自动观测天气现象要素的功能,现有气象部门获得的天气现象基本靠人工观测,但能通过人工观测获得的天气现象的点很有限。在该项功能上,我们尝试使用雷达观测数据和卫星观测数据进行结合计算来判断获取网格化的天气现象数据。

对气象站点数据进行网格化处理有利于对产品进行后期加工制作包装,实现对产品的多种表现形式,提升服务效果,如对网格化数据填充等值线色块图,能更好地解析气象数据信息。填充色块图的基本步骤如下:

1)将离散的气象站点数据转化为适合 contour 的网格数据,网格中非已知点的值可以用插值方法增加,输出浙江省范围内的各气象要素网格化数据文件。

2)利用等值线色块图函数实现对网格化数据的色块填充。常用的两个函数分别是 imagesc(data)和 contour。在图形修饰上用以下函数:%[c,h]=contourf(z)(颜色填充);%hlabel=clabel(c,h)(表示图中线条上所标值的个数);%hclrbar=colorbar(显示颜色筐)。

3.2.6　基于手机位置信息的服务

目前,基于 3G 的手机网络与传统网络一个较大的区别在于能通过手机位置服务获取用户的定位信息,实现"贴身"服务。

位置服务(Location Based Services,LBS)又称定位服务,LBS是由移动通信网络和卫星定位系统结合在一起提供的一种增值业务,通过一组定位技术获得移动终端的位置信息(如经纬度坐标数据),提供给移动用户本人或他人以及通信系统,实现各种与位置相关的业务。目前获取用户位置从技术的角度来看,主要有三种方法:基于运营商基站的方法,高端智能手机 GPS 定位方法,利用 WIFI－WIMAX 接入点位置信息的方法。"无线城市"针对大多数用户最为适合的是通过基站的方法(即三个基站的位置确定用户的位置)来获取用户的位置信息,这个方法通用性强于其他两种方法。

位置服务内容主要包括三大类应用。第一大类应用是位置交友类,微博、微信即属这类应用。第二大类是工具类,比如地图、导航,以及生活服务之类的应用,围绕这些应用,将生活的各个方面互联,使百姓生活方便快捷。第三大类是传统的位置服务类,比如车辆管理、位置信息查询等。

在"智慧气象"手机客户端中,通过定位信息匹配后台庞大的网格化气象、环境数据库,提取用户所在位置的天气现象、实时温度、湿度、能见度、风,以及 $PM_{2.5}$,AQI 等环境气象信息,并随着用户位置的变化各要素的数据也将实时更新,极大地提升了公众获取气象信息的便捷度。同时用户可根据个人需要设定推送提醒功能,如高血压患者在温度低于 $-2℃$ 时需要保暖,可设定所在位置温度＜－2℃进行信息推送提醒,实现不同用户的个性化服务。图 3.4 显示了用户如何获取经纬度信息并得到个性化气象服务的流程。

预报类气象信息和预警类信息,需要根据用户所在的地区名与气象数据库进行匹配检索,因此必须将用户的经纬度信息转换为所在县的地区名。

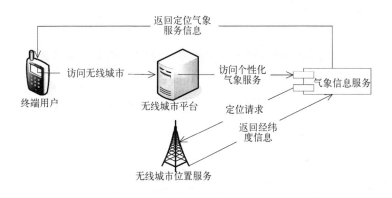

图 3.4 利用经纬度定位获取个性化气象服务

3.2.7 动画

天气实时变化的特性对气象服务产品的显示提出动态要求。能够反映天气变化和动态追踪天气演变的产品能更好地指示天气变化趋势,为政府、公众决策提供参考。在浙江省网络气象服务中,可运用 Web 动画技术实现气象信息的动态展示。如台风路径变化的动画显示、雷达组图的动态显示等。

3.2.8 专题式

依据某一主题将各类服务产品以集纳形式表现的服务形式。气象专题是对某一主题的高度关注,大量相关信息的集合展示,为社会公众就某一天气事件或某一气象主题进行全方位了解提供一个渠道,专题中新颖的设计感和信息的针对性以及突出主题的表达,能给用户留下深刻印象。因而就某一重要事件以气象专题的形式在网络上推出,往往能收到较好的服务效果。

随着技术的发展,网络气象服务产品的表现形式应该更多元化。目前多数气象产品仍以直接式或简单处理的形式展示,要实现贴近用户需求、紧跟技术革新的产品服务形式仍有待进一步发展。

3.3 文字类产品制作思路要点

随着时代的变迁和社会的发展,人们对信息的需求趋向多元化,简单处理的气象预报已经无法满足大众的需求。文字类气象服务产品,如气象新闻、微博、微信等作为传播气象信息的重要载体,应适应信息化时代的要求,在众多的气象信息中大浪淘沙,选取最有意义的新闻内容进行报道,从而提升气象服务的内涵价值,推动信息传播。本节从平时的业务工作中总结了针对网络气象服务中的文字类产品的主题选择和思路要点,包括气象新闻、微博、微信等,并通过相关例子加以分析。

3.3.1　网络气象新闻采编思路和要点

气象新闻是指媒体传播的天气、气候变化或气象事业发展的变动的事件或信息。本质上,气象新闻属于服务性新闻,即"为公众生活服务的新闻……着眼于实用,强调'可操作性',要求具体、真实"。气象新闻不同于天气预报。天气预报是气象部门根据观测设备所记录下的数据结合该地区的天气、气候发展规律预测出未来几天甚至较长时间内的天气形势,并通过气象台向公众发布的。而气象新闻的报道是建立在天气预报的数值基础之上,结合新闻元素,通过气象记者、编辑的二次加工,形成对公众有用的信息,其范围要远大于前者。

网络气象新闻,顾名思义,就是在网络平台上发布的气象新闻。"浙江天气网"的"天气要闻"栏目就是省服务中心气象新闻的主要发布平台,以传播浙江省内发生的天气状况和天气变化的气象信息为主,为广大读者的日常生活及出行提供有价值的参考信息。

随着公众对气象信息要求越来越高,天气要闻的好坏越来越决定着"浙江天气网"整体品牌形象的发展。因此要求采编人员根据天气事件以及天气发展趋势,进行角度新、选材精、有趣味、有意义的新闻主题的选择,并依据主题进行必要的采编和加工,增强气象新闻的吸引力和可读性,扩大气象的社会影响力,从而让公众认可气象服务的品牌,持续吸引广大公众的关注。

3.3.1.1　重要新闻点的选取和把握

(1)做好灾害性天气的气象服务

利用网络优势,做好灾害性天气的网络服务。当预报当地可能出现天气突变或灾害性天气时,尤其是气象台发布预警信号时,应及时利用网络出口,积极做好气象服务。利用微博微信的及时性、天气网新闻的权威性,第一时间发布相关信息。

(2)极端天气是气象新闻报道的重点

气象数据突破历史记录往往是气象服务的重点。这也就要求服务人员能够了解气候背景资料,并及时关注天气预报和天气实况的变化,同时正确解读气象数据,不可为营造新闻氛围而刻意夸大事实。

例:"41℃!今天(6日)杭州最高温再创历史新高。此前的最高记录出现在 7 月 24 日为 40.4℃。7 月以来,杭城已有 7 天被40℃以上高温笼罩,其中 7 月 24 日至 28 日连续 5 天出现 40℃以上高温,为历史首次。"

(3)注意天气实况的报道

采编人员应随时关注天气变化和重要天气的出现,以及因天气原因而引发的重要事件。如 2012 年浙江迎来较明显梅汛期降雨,持续强降雨的影响导致 48 座水库泄洪,采编人员及时关注到了这一新闻,第一时间向公众报道了水库泄洪事件。

例:据浙江省防汛指挥办消息,受连日来的强降水影响,全省水库、河网水位普遍上涨;截至 6 月 25 日 8 时,全省有 12 座大型水库和 40 座中型水库水位超汛限。在本次降雨过程中,全省 48座大中型水库先后泄洪,部分小型水库和山塘溢洪。

为了及时"抢新闻",采编人员平时就要注意搜集素材,做有心人。如 2012 年梅雨期间,采编人员及时了解到了"强降雨导致杭州河堤坍塌"这一事件,并快速赶到现场进行了报道。

(4)注意气象对行业部门的影响

天气过程尤其是灾害性天气,大多会对行业部门造成影响。服务人员应充分了解气象高敏行业的动态,当出现天气过程时,及时关注对此类天气较敏感的行业情况,并采写相关新闻报道往往能出奇制胜,取得较好效果。

例:降雪致浙江高速限流 未来三天仍有雨雪

昨夜(18日),浙江迎来蛇年的第一场雪,部分地区积雪较厚。目前省内10条高速公路对大客车、危化车限流。浙江多地气象台已发布暴雪及道路结冰预警信号,提醒公众注意出行安全。预计未来三天全省仍以雨雪天气为主,需注意防范。

昨夜凌晨开始,浙江北部逐渐转为降雪,截止到今晨07时,全省平均降水量2.3毫米。其中湖州高达12.8毫米。由于温度较低,积雪不易溶化,湖州积雪深度达到6厘米。

据浙江在线消息,受降雪影响,浙江省内G60沪杭高速嘉兴段、G2501杭州绕城高速、G25杭宁高速、S13申嘉湖练杭段、S7杭州湾跨海大桥北接线等10条高速公路对大客车、危化车限流。另外,普通国省道中,杭州境S205青临线临安段、湖州境S205青临线安吉段通行受到影响。

针对这次降雪,浙江省内多个气象台连发暴雪黄色预警、道路结冰黄色和橙色预警,浙江省气象台预计,未来三天全省仍以雨雪天气为主,浙北山区有冰冻,提醒广大市民及司机朋友注意交通安全并及时关注高速封道信息。

再如夏季高温给电力部门带来的压力和对用电的影响等,也可以结合相关内容组织新闻报道。

例:浙江持续高温致用电负荷再冲高

近期,浙江持续晴热高温天气,致使当地用电负荷急剧上升。预计未来三天高温天气仍将持续。

据气象监测数据显示,6月29日以来,浙江持续高温。高温来势汹汹,导致浙江用电负荷急剧上升。从浙江省电力公司获悉,7月10日全省统调负荷已达到4860万千瓦,再创历史新高。

电力部门有关人士表示,若晴热天气持续,将出现电力供应紧张状况,本周统调最高负荷需求不排除达到5000万千瓦的可能。而据气象台预计,未来三天浙江仍将维持高温天气。

(5)与公众生产生活息息相关的信息

在网络气象服务中,能抓住与公众生活息息相关的事件,往往能获得较高关注。如节假日在微博微信上发布相关的问候信息等。

随着公众对环境关注度的提高,大气污染问题往往能牵住人们的目光。基于对这一点的认识,2013年浙江发布当年的首个霾橙色预警,新闻采编人员就很好地把握了这一新闻点,并及时搜集到了雾、霾天气对公众生活产生的实在影响,文章中提到:"据《浙江新闻网》报道,一位小学班主任反映,昨天班上有三个学生请假了,都是咳嗽、感冒,家长打电话来说,去医院检查了,基本上跟空气质量不好有关。由于空气严重污染,杭州很多中小学室外活动全部取消。"文中还从专业的角度解释了雾、霾发生和加重的原因,并预报雾、霾还将持续一段时间,建议公众做好防护。

(6)与人们日常生活和经济生活紧密相关的天气资讯

德尔菲气象定律认为气象投入与产出比为1:98,即企业在气象预测方面投资1元,可以得到98元的经济回报。说明经济对气象反馈敏锐,实际生活中,气温或降水的波动变化,反映到商场客流和销量上都有明显变化。这也为采编人员提供了一个很好的新闻话题,气象要素的异常必然带来某些销售或经济的变化。

例:杭州高温连续三天突破 40℃　消暑药品走俏

杭州近几日温度连续赶超 40℃,活像一个大火炉,烤焦了树木花草,也红火了消暑药品的生意。预计未来三天,杭州仍以晴热高温为主。

杭州这个夏天热得非比寻常。24 日 40.4℃,25 日 40.3℃,今天 14 时 05 分又达到了 40℃,杭州成功上演高温"三连击"。这是自 1951 年有气象资料以来首次连续三天最高气温突破 40℃,这在杭州高温史上绝对值得铭记。

杭州城高烧不断,连药店里的消暑药品量都比去年同期增加不少。受副热带高压影响,预计未来三天,杭州仍以晴热高温天气为主。杭州持续高温,请市民朋友合理安排工作时间,保持充足睡眠,及时补充水份,谨防中暑。

(7)重大活动及新闻事件的气象影响和气象保障

重大政治经济文化体育活动,包括人大会议、政协会议、世博会、商品交易会、展览会、演唱会、运动会等。

重要节日,包括春节、元宵节、清明节、端午节、中秋节、五一劳动节、十一国庆节以及少数民族的传统节日等;节庆活动,包括群众性节庆活动如庙会、游园会、龙舟赛、樱花节、啤酒节等,也包括政府或民间组织举办的一些重要庆典或者纪念活动,如:伟人诞辰纪念日。

农事活动,如春耕、麦收、双抢(抢收抢种)、秋收秋种、牲畜产子、牲畜越冬等。

国家级、省市级重点工程建设,如青藏铁路、南水北调、大型水

库、海底电缆施工等。

部分热点新闻事件,如春运高峰、高考、沉船、海底电缆中断等。

以上活动或者事件都不可避免地要受到天气或者气候因素的影响。一般而言,气象部门对以上活动或者事件也都会提供气象影响评估和气象保障服务,应该积极加以报道。

(8)巧用图片说新闻

网络传播是多种传播手段的结合,采编人员不仅需要驾驭文字的能力,而且还需要具备驾驭有声语言和对画面进行艺术处理的能力,熟练运用计算机技术和多媒体技术。其中图片的运用可以更直观地反映新闻事实,且具备比较好的视觉冲击力,给读者留下深刻印象。如灾害性天气发生时第一现场的图片,天气对公众生活实实在在影响的图片,都能很好地用于制作气象新闻。在微博微信中,有特色的图片,往往也能吸引网民眼球,获得较高关注。

(9)突出地方特色

采编人员应注意搜集具有地方特色的新闻,并将之与天气结合起来,往往能收到很好的效果。如杭州每年盛夏都会开放防空洞供市民消暑纳凉,这一举措坚持了多年,也深受市民好评。采编人员不仅应具备敏感性,还应努力挖掘新意。

如2012年杭州热浪滚滚,10处防空洞免费为市民开放,采编人员首先比较了洞内外的温差:防空洞口的电子显示屏上写着洞内恒温20℃,而此时记者手中的温度计显示室外温度已经达到了33.3℃。一走近洞口,就感觉到凉风习习,一路的暑气顿时全消。越往里走,凉意越明显。手中的温度计显示的温度也是一路往下滑,很快就变成了27.6℃,随后又跌到23.2℃。这样的描述显示了气象的专业水准,同时以真实的数据实验告诉公众"这个温度可以说是比家里开空调的温度还要低,如果不披件薄外套,人体感觉都会有点冷了",贴切实用。

(10)突出新意和创意

与人们日常生活和经济生活密切相关的天气资讯是指发生在各地的雨、雪、雾、霾、大风、降温、升温等天气的预报、实况等。一般性的天气现象虽然不至于构成灾害,但对人们的日常生活(出行、晨练、旅游、健康等)和经济生活(农产品价格上涨、交通堵塞等)仍会产生一度程度的影响。尤其季节变换过程中的转折性天气,与人民的生产生活关系十分密切,应该加以重视。网络阅读求新求趣味,抓住新闻特点和公众心理可提高新闻的可读性和贴近性,因此有创新的新闻报道具有较强的新闻价值。如 2014 年广西地区出现持续"回南天"天气,换洗的衣服晒在通风透气较差的室内容易发臭,于是广西某大学的学生想出了"撑伞晒衣服"的奇招,这样的新闻新奇有趣,具有较强的可读性和吸引力。

再如 2013 年夏季,浙江遭遇持续高温天气,气温屡破极值,可是面对连篇累牍的数字罗列,公众也会感到疲劳。而有的新闻报道能转换思路,以"路面温度高烤熟鸡蛋"为切入点,先写鸡蛋烤熟所需要的最低温度,再写路面实况温度,还以图文并茂的形式展现路面烤鸡蛋的过程,那么这样的气象新闻比起简单对比气温数值更有吸引力。

(11)妙用流行元素

结合流行的语言趋势等,能更好地拉近与公众的距离。如2013 年春季,杭州经历"春如四季"的模式,天气忽冷忽热,气温如过山车飙升骤降,两天之内最高气温从30℃跌至12℃左右。抓住这一天气特征,采编人员用"恍如在冬夏之间频繁穿越"调侃天气多变,同时结合微博上热传的杭州天气版"蓝精灵体",将早春多变的天气饶有趣味地表现了出来,不仅传递了天气变化,同时非常吸引"眼球",起到很好的效果。

(12)气象景观及与气象相关的奇闻轶事等

彩虹、树挂、海市蜃楼等气象景观具有很高的观赏性,同时也有很强的知识性,具备一定的传播价值。一些与气象相关的奇闻轶事,蕴含着一定的科学道理,同样值得我们关注。

3.3.1.2　标题和主体部分的编写

(1)标题

在传统媒体当中有"题好一半文"的说法,网络媒体的新闻标题相比传统媒体,还承担着引导读者点击链接进入正文阅读的功能,所以,网络新闻标题的制作不但要考虑时效性,更要符合网络媒体传播的特点。网络新闻标题的制作一般应注意以下几个要点:

1)具体而准确

新闻的准确性要求是第一位的,然而除了准确表达事实外,若能将新闻正文的主要内容更具体地展示出来,符合目前网络标题式的阅读习惯,也能更快速全面地传达气象信息。如2014年春季的一篇新闻,题目为《杭州有望15日入春　周末最高气温将超20℃》将文中主要的两个要点表达了出来,一是何时入春,二是气温有多高,比起"杭州气温升高,近日有望入春"这样过于简单的概况要具体而有内容。

2）避免歧义

标题应该是完全了解了文章的前后关系做出来的，标题的用词对于描述整个新闻或者一部分新闻内容是非常关键和重要的，因此选择标题的用词要慎重准确，避免出现歧义和主观臆断。如2010年针对西南地区大旱，有媒体做了《旱情缓解还需10场暴雨》的报道，题目非常有冲击力，然而与文中所述事实并不完全相符，文中提到"旱区累积缺水达400毫米，缓解旱情还需要相当于10场暴雨的降水量"，气象专家用形象的方式解释了400毫米相当于10场暴雨的雨量，仅仅是对数字的诠释，而不是对缓解旱情所需几场雨的预测，因此该标题造成了歧义。

一般来说，网络气象新闻标题尽量多采用动词、名词，少用形容词、副词。形容词、副词主观性较强，容易产生歧义，影响新闻的准确性。动词、名词能简明地把事实的前因后果说清楚，保证新闻的准确性，符合网络新闻的实用性原则。

3）突出重点

必须要具备比较好的概况能力，不能一味将文章内容排列到标题中，而是要做到重点突出。如2013年梅汛期的一篇新闻报道，由于在梅雨期间，一次暴雨过程可能带来多方面的影响，有许多新闻点可抓，文中提到暴雨实况信息、应急响应命令升级、城市路段积水、水库泄洪、又一次暴雨天气过程等，采编人员从中选择了最有新闻价值的两个点凝练标题，考虑到标题具体而准确、传播完整信息等原则，最后确定标题为《浙江48座水库泄洪　今夜将迎梅雨期第三场暴雨》，突出了公众最需要了解的信息。

4）生动传神

为了能让气象新闻标题"亮"起来，就不能冷冰冰地表达阴晴雨雾,而是尽可能地传递出一种关怀。比如长时间的连绵细雨是让人懊恼的,之后的雨止转晴是让人欢欣的,那么这些懊恼或欢欣的情绪可以体现在标题中,如贴切地使用古诗词、俗语等,以及让标题讲故事等,都是很好地赋予标题生命力的做法。如连日阴雨天气,若将古诗词"清明时节雨纷纷"改换一下,效果大不一样,如《杭州春日雨纷纷　欲问晴为何物》,标题诙谐幽默、朗朗上口。再如《浙江象山崇挞港　近千艘渔船回港避风》就有很好的画面感。

(2)主体

消息主体承担着对事件做进一步交待、回答疑问以及表现主题的作用。主体写作的思路和要点可概括如下:

1)及时报道

气象新闻贵在"快",要赶在第一时间将最新气象消息发布出去。要做好这一点,功夫在平时。首先应该关注天气预报,当预报有比较明显的天气过程的时候,就要开始想好天气过程发生时候可以挖掘的新闻点;其次对天气实况要敏感;再就是对气候规律的把握,如惊蛰前后关注"初雷",6月初关注"入梅"等。有了这些思想上的准备,才能更迅速的找准新闻点。

2)注意实用性

气象信息是为百姓生活服务的,所以一定要切实反映最敏感的生活问题。要达到这一目的,平时一定要深入生活,仔细观察社会对气象的需求,才能写出百姓喜闻乐见的气象新闻。要写出具有准确信息、实在指导、流畅行文的气象新闻稿,除了不断丰富自己在气象方面的知识,保持高度的服务敏感性,加强自己在文学方面的修养外,还要充分了解社会公众的需求,以需求牵引服务,避免以预报结论简单替代服务产品,这样才能让气象信息以更准确、

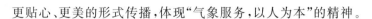

更贴心、更美的形式传播,体现"气象服务,以人为本"的精神。

3)忠于预报,灵活服务

公众关注气象的根本目的是要获得准确的气象信息来计划开展工作、生产和生活,譬如组织户外活动,收晒粮食、居家洗晒衣物等等。因此,对当下天气的准确描述无疑是最基本的要求。要做到描述准确,首先要对当前的天气形势有细致深入的了解,是晴是雨、何时起雨、雨势大小、气温高低、风力大小,都要了然于胸,在付诸笔端时还要特别注意用词的准确和妥当。由于天气预报不可能达到100%的准确,精细化程度也有待进一步提高,因此对于不能达到十分准确和精确的方面就要注意语言的灵活性,避免把话说满讲死,造成被动。譬如起雨时间用明日前期或后期,雨量大小可以说成是雨势较明显、雨势较弱等。气温方面则可以用明显上升、有所上升、略有回升、明显下降、稍有回落等来描述。对于较远的天气,则应重点描述总体趋势,避免写得太琐碎和具体。

气象服务讲求以人为本,因此,怎样把专业、简短的气象预报用语通俗化、生动化,让普通大众能看得明白、清楚是编写气象新闻的要求之一。首先要做的是把专业的气象用语通俗化。天气预报的用词比较专业,特别是天气形势的分析方面,比方说"高空槽"、"地面倒槽"、"切变线"等,绝大部分公众都不解其意,而改用"北方冷空气""西南暖湿气流""雨带"等就让人明白了许多。接下来,就是对天气预报的详细解读了。传统的天气预报用词简洁明了,天空状况,最低、最高气温,风向风力,寥寥二三十个字统统概括在里面了,对它进行详细的诠释,再给出与之相关的公众生活方面的具体提示,能更直观、贴切地服务于公众。

4)抓住重点,结合热点

对天气预报的详细解读其实就是把各个气象要素及其对工作和生活方面的影响一一道来,让公众更好、更方便地享受气象服务的一种方式。值得注意的是,突出当前天气是关键,不要写了很多的东西,反而忘了当下最重要的天气特征,等于是捡了芝麻丢了西瓜。而把握重点,就是契合公众的需求,关心他们当前最想知道的是什么。譬如盛夏关注最高气温,寒冬关注最低气温,水位达警戒时关注后期的降雨情况,冷空气来时关注降温幅度,工作日关注上下班时段的天气状况,双休及节假日关注天气是否适宜户外活动,连晴干燥时关注何时降水,持续阴雨天关注何时转晴等等。

结合社会热点来写,也是吸引公众的法宝。奥运会、世博会的场馆天气预报及实况;高考中考的详细天气预报及对考生考试发挥的影响;国庆、春节等长假的交通气象;旅游高峰时期旅游目的地的具体天气,都是可以有所发挥的新闻点。

5)制作精彩的导语,突出重点新闻要素

要想方设法让读者感到所提供的信息对使用者有用,让读者在最短的时间内准确、完整地了解最重要的新闻因素,必须要精心制作精彩的导语,用准确、简洁、突出的语言来精准概括和描述新闻要点与精华,突出重点新闻要素,发挥文章导读作用。

《深秋梨树开花吓坏村民 气象专家释疑解谜团》一文的导语:"11 月 8 日,位于河南省许昌县将官池镇牛村突然炸开了锅——村里的人争相传告六组赵丰松家里的梨园梨花开了。"十分简练生动,读之栩栩如生。文章巧设悬念,吸引读者步步深入,从离奇的故事开始,普及了气象知识,既有趣,也解疑释惑。

3.3.2　微博微信采编要点

3.3.2.1　微博微信的特点

随着经济全球化、信息网络化,科学技术日新月异,3G、4G 时代已经到来,智能手机也从高端市场走向了大众,继网站之后,微博、微信等新兴社交媒体越来越受到人们的青睐,使用人群不断增加。服务终端的发展也给气象服务方式提出了新的挑战,利用微博、微信便捷、快速的信息接收和传播方式做好气象服务工作是一个新的课题。

(1)病毒式传播,传播速度快,影响面广,传播有效性更高

初始可能只有 1 个或几个人发布信息,之后收到的人继续发或在朋友圈分享,一传十十传百,有类似于核反应堆的链式反应,可见微博、微信传播信息的威力之大。此外,依托微信公众平台推送功能,一对多的传播方式,信息传播速度快且影响面广。

(2)可随时随地提供信息和服务

相对于 PC(个人计算机)而言,手机是用户可随时携带的工具,而手机媒体上的即时通信工具较之电视、报纸、广播等传统媒体,也具有了移动的特点,更符合当下人们获取信息及参与互动的习惯。借助移动端优势,微博、微信天然的社交、位置等优势,会给信息传播带来很大的方便。

(3)服务的定位更精准

通过微信公众平台可对用户进行分组,并且通过"超级二维码"特性,可准确获知客户群体的属性,从而让营销和服务更精准,更个性化。

(4)富媒体内容,便于分享

新媒体相比传统媒体的一个显著特点就是移动互联网技术的应用,通过手机等终端可以随时随地浏览资讯传递消息,碎片化的时间得以充分利用,而微信在这方面可谓做到了极致。微信特有的对讲功能,使得社交不再限于文本传输,而是图片、文字、声音、视频的富媒体传播形式,更加便于分享用户的所见所闻。同时用户除了使用聊天功能,还可以通过微信的"朋友圈"功能,通过转载、转发及"@"功能来将内容分享给好友。

(5)一对多传播,信息达到率高

微博、微信平台的传播方式是一对多的传播,直接将消息推送到手机,因此达到率和被观看率几乎是100%。微信平台还可实现与特定群体的文字、图片、语音的全方位沟通与互动。

(6)微信基于地理位置的服务

LBS(Location Based Services),基于地理位置的服务。它包括两层含义:首先是确定移动设备或用户所在的地理位置;其次是提供与位置相关的各类信息服务,意指与定位相关的各类服务系统,简称"定位服务"。较于传统网络媒体,微信的地理位置服务是一大特色,"查找附件的人""摇一摇""漂流瓶"等功能均是以 LBS 为基础。微信可轻易通过手机 GPS 服务获取用户的地理位置信息,用户在分享最新动态时勾选地理位置,好友便能看到其所在地,而地理位置是商家进行精准营销的重要信息。

3.3.2.2　气象微博、微信编写的主要思路方法

利用微博、微信进行的气象服务,服务内容仍以天气预报、天气实况、天气提示、气象科普等常规信息以及气象预警信号、重大

天气过程等专题服务信息为主。只是针对微博、微信的特点,在服务用语和服务方式等方面还有别于传统媒体的服务格式,重点在于服务群体的年轻化以及服务形式的多元化,决定了在服务过程中,服务人员要有更强的敏感性以及对各种表现形式更全面的统筹策划和掌握。

(1)气象微博编写的语言风格

微博编写的基本要求是:开头吸引人,中间要清晰,结尾要突出,语言要简短,善用图片、视频。要用幽默吸引人,用真情打动人,用智慧征服人。而对于气象微博而言,还有其固有的语言要求:

1)预警信号信息应严格按照气象台发布内容,用语严格规范,确保气象灾害预警信息在气象服务官方微博第一时间权威发布、快速传播。可以结合天气特点,附加相关图片等多媒体信息。

2)天气预报、天气实况等信息,由于内容较多,信息量大,需在适当概括和编辑的基础上进行发布,用语通俗活泼,并可适当加入编者的一些感悟,以增强信息的条理性和可读性。

3)每日天气提示、气象科普等服务类信息,要用老百姓的语言和公众沟通,增强气象服务的亲和力,拉近气象与公众的距离。

(2)气象微博编写的几点技巧

1)内容贴近民生,不能单纯宣传政绩

相比于传统的政府机关宣传平台,在微博这个草根平台上,它拥有与公众近距离沟通的优越性。对于大多数网民来说,上微博是一件很轻松、娱乐的业余消遣,他们大都不愿意费心劳神地去浏览一些枯燥的机关文件,他们之所以对气象微博等之类的政务微博抱有很高的热情,主要也是因为那些事情或问题与自己的现实生活或者切身利益有着一定的关系,如果气象微博的内容跟政府机关的宣传窗一样,单纯发布文件、宣传政绩,其结果很可能就是成为"三无"微博(无"粉丝"、无评论、无转发)。

因此,气象微博发布的内容一定要贴近民生民情,以服务公众为宗旨,除了发布常规的天气预报和重要天气过程外,还应该增加一些便民信息,吸引网民的关注与兴趣,让他们愿意经常"驻足"浏览、评论和发问。

例如,假期天气情况一直是老百姓关注的重点,"浙江天气"在2012年中秋和国庆 8 天假期中,第一时间发布了假期天气预报,解答了人们关于长假天气的疑虑,为人们的长假计划提供了依据,并得到了广泛的传播,如图 3.5 所示。

浙江天气 #中秋与国庆假日天气展望#受弱冷空气影响,今天下午起我省自北而南气温将逐渐下降,全省以多云天气为主;今明两天受"杰拉华"浙中南沿海海面风力较大,请关注。长假期间(9月30日到10月7日),我省无明显冷空气影响,全省以晴或多云天气为主,气温先低后高,总体适宜。具体天气预报如下:

图 3.5　微博发布长假天气

在发布省内长假天气的同时,"浙江天气"也及时关注并转发了全国天气预报信息,为有出行计划的朋友提供了依据。

2）多样化表现形式,增强可读性

微博文字篇幅短小精悍,但表现形式十分丰富,允许发布包括文字、表情、图片、音频、视频和链接等在内的"富文本",这不仅极大地扩充了单条微博的信息含量,而且这种图文影音并茂的生动表达形式也比较符合越来越不喜欢长篇大论的年轻网民的阅读习惯,能够更好地吸引这些网民的兴趣与关注,促进他们对微博内容的理解与吸收。

例如,"浙江天气"新浪和腾讯微博在 2012 年"苏拉"和"海葵"台风过程服务期间增加了气象工作者深入台风前线的追风视频,能够第一时间传达台风影响一线的实况,比纯文字的表现更为直观,气象记者的现场报道和切身体会也加深了公众对台风威力的认识,极具现场感、震撼力和感染力,因此也获得了公众普遍的关注,如图 3.6 所示。

浙江天气 #直击"海葵"追风日志#【"海葵"登陆后三门风雨实况】——浙江省气象局追风小组来自一线的报道。http://url.cn/94EsCh

8月8日 06:08:38 来自腾讯微博 全部转播和评论(39)   转播 | 评论 | 更多▾

图 3.6　微博发布"台风一线视频"

3）内容分栏归类,重点一目了然

相较于休闲娱乐类微博,政务微博的内容对于一些网民来说可能会感觉到在阅读上或多或少有些不易。为了使微博内容更加一目了然,方便网民快速理解大概内容,气象微博要充分利用微博的格式与标签功能,对发布的内容分门别类的管理。我们建议:第一,开篇用简短的一句话概括微博的核心信息,最好用"【】"符号加以突出和区分;第二,将内容进行分栏归类,用"♯♯"表示该条微博所属的栏目类别或常用话题。如果有需要,最后可以用"via"标明信息来源,增强信息的可信度与可追溯性。

4)语言简练明了,不说"官话"说"网话"

140 字(包括标点)的字数上限要求微博的语言必须力求简洁凝练、突出重点,争取以一条微博表达完整的意思。如果篇幅过长,需要连续发布若干条才能完整表达意思,可利用"♯话题♯"的格式,将同一系列的微博串联起来。

微博是一个草根大众平等交流、微言大义的自由平台,在这里打官腔、摆官架都是不受欢迎的行为,轻则无人关注、自说自话,重则遭到网民的集体"围观"甚至"拍砖"。常言道,入乡随俗,气象微博应该主动融入微博世界的风俗习惯,使用微博网民的通用语言。

5)注意发布时间,控制发布数量

微博是个 24 小时"营业"的平台,气象微博的运营不能再遵循常规的 8 小时工作制,至少保证早上 8 点到晚上 24 点都有管理人员在岗,此外周末也应确保微博管理人员在岗值班,以保证微博内容更新的连续性。

每天 9—10 点、16—18 点、21—24 点在线微博用户较多,发布信息易被更多网民所见,气象微博发布常规内容可参考此峰值时间段。

气象微博发布频率及节奏也有讲究。同一时段内,如果发布内容过于集中,甚至几分钟时间内发布多条微博信息,易造成"刷屏",关注微博的网民可能会因为该微博干扰自己查看信息而取消关注。但倘若一天只更新1~2条或者连续数天只做一次更新,那发布的微博内容将会被淹没在海量信息中,难以进入网民视线。

一般来说,气象微博以平均每天发布5~15条微博信息为宜,信息发布遵循适当的节奏,所发信息既不会给其他网民带来刷屏的困扰,也不会让自身微博淹没在海量信息之中。

6)以原创为主,适当转发关联性微博

气象微博贵在以内容吸引人,原创内容更是其核心与精髓,一个气象微博是否值得网民关注、是否能够受到网民欢迎,很大程度上取决于其原创部分内容的含金量。转发微博是原创内容的点缀,不应该占据过大的比例,同时也要注意,转发的内容尽量要与气象微博的定位相一致,如同一系统、同一地域的各级部门之间。

需要提醒的是,即使转发信息,气象微博也应添加一两句评论话语作为转发理由,使该条微博成为自身有价值的信息内容。光转发不评论,会给网民产生一种类似于"系统自动转发"的机械感,不利于调动网民评论、互动的积极性。

7)保证高度时效性、不发过期信息

相较于此前的传统媒体形态,微博在信息传播方面的一个突出特点就是即时,在这样一个信息高速流通的平台上,气象微博必须在确保内容真实无误的前提下,第一时间发布信息,保证高度的时效性。发布过期信息会被网民认为是一种消极怠慢的态度,是政务微博的大忌。

从整体上看,发布信息及时迅速、更新内容勤快的政务微博通常都有较多的"粉丝"关注,其"粉丝"的互动积极性也比较高,从而提升了这些微博的影响力。反之,也有不少患上"痴呆症"的政务微博,发布数量少,信息时效低,几乎无人问津,形同自言自语,这就背离了开设微博的初衷。

例如,"浙江天气"新浪和腾讯微博在2012年"苏拉"和"海葵"台风过程服务中,重点发布5类信息,包括台风警报单、台风动态、预警信号、防御科普知识和天气实况,其中台风警报单的总转发数(新浪微博和腾迅微博转发数之和)2898次是各类微博信息中被转发次数最高的。台风警报单每3小时更新一次,且内容包含台风最新位置、风雨影响实况和预报信息以及台风路径预报图,能比较全面且形象地将台风信息传达给公众,因此获得了普遍的关注;其次,台风动态是1小时一次的台风最新位置报告,也获得了1650次的总转发数,位列第二。可以看到,转发数排名前三的几类微博,都是气象部门第一手的权威资料,包括台风紧急警报、预警信号、台风报告单等信息,不仅更新频率高,而且准确及时,每一条此类信息的发布都获得了较高的转发和关注。可见公众对于气象权威信息的关注始终是第一位的。

8)做好重大天气过程、气象灾害等专题服务(以台风过程为例)

对于一次台风过程,应在气象台发布相关产品信息后,第一时间制作发布,并根据需要附加相关图片、视频等多媒体信息。主要的微博发布流程为:适时发出台风警报,台风靠近跟进服务,台风影响重点服务,台风结束后续服务。

台风期间,可以参考的材料和相关信息有:省台决策材料、台风动态、中央热带气旋公报等。

过程服务考虑的内容,一般都是"已出现的风雨实况,台风实况＋目前最新位置＋未来台风动向＋未来风雨影响＋防御指南"格式,具体内容根据重要程度,服务时间、字数限制加以把握。一般在台风影响过程前都应先发出警报,提醒公众注意,但切记需把握好首次服务的时间点,不能太早,由于台风周围大气环流场的变化使得台风的路径、强度等具有很多不确定因素,所以太早发出警报有时会起误导作用,应在预报相对有把握的情况下,且台风位置已在浙江省一定警戒线范围内时提醒公众。

随着台风位置的靠近,在开始首次服务之后都应不间断的对公众关于此次台风进行跟进服务,告诉公众最新情况。当台风影响严重时,可随时向公众发布及时的预报、登陆实况和相应的防御指南。以紧急警报、台风最新动态等形式发布。

一次台风服务需注意有头有尾,前后连贯一致,当台风影响逐渐减弱时,也应及时提醒公众。同时在台风过后,可根据实际情况提醒公众有些方面仍不可放松警惕,需作传染疾病及其他次生灾害方面的防护。

3.3.2.3　不同天气条件下微博、微信气象服务

(1)2011 年梅汛期微博气象服务

2011 年 6 月 3—20 日,浙江省出现历史罕见的梅汛降雨集中期,浙中北 17 天内出现 16 个暴雨日,为历史之最。在这次强降水过程中,浙江省从气象监测到预报预警,从公众服务到灾害评估,都发挥了各自的重要性,并得到了各级领导以及社会各界的肯定。公共服务方面,充分利用了广播、电视、报刊、网站等渠道,广泛传播气象预报预警信息,声讯信箱累计拨打 1451609 人次,浙江天气网点击率 9900 多万人次,公众气象预警短信 2.39 亿条次,浙江天

气网新浪微博信息更新 65 条。

从浙江省宣布入梅起，即 6 月 10 日起到梅雨结束（26 日），"浙江天气"微博 17 天内共发布了 65 条信息，其中有 45 条信息被转发，转发最多的有 11 次。信息被转发意味着，能及时看到此条信息的人不再局限于"浙江天气"的"粉丝"，还包括转发者的"粉丝"，以及二次、三次转发者的"粉丝"，这条信息在一个更扩大的范围内被公众接收，可极大地提高信息覆盖率和关注度。总结梅雨期间所有微博信息，可以发现获得比较高关注的信息主要包括如下几类：

1）预警信号信息

在梅汛期间，省台共发布暴雨预警 6 次，每次微博都能以最快的速度将预警信息发布出去，而每条预警都得到了比较高的关注度。如 6 月 18 日 13 时 56 分的一条微博："浙江省气象台 6 月 18 日 13 时 40 分发布暴雨黄色预警信号。过去 1 小时，湖州、嘉兴已经出现明显降水，局部达到 40 毫米以上。预计未来 12 小时内湖州、嘉兴、杭州地区将出现大雨到暴雨，局部大暴雨，个别地方会出现强雷电和雷雨大风。"这条微博信息被转发 10 次，并有 4 条评论。在回复的评论中，大家都感到这雨势的猛烈，以及防汛形势的严峻，纷纷表示要转发此条微博，可见梅汛期的暴雨过程以及"浙江天气"都已经获得了公众一定程度的关注。

2）防御指南信息

6 月 14 日发布的一条关于暴雨防御指南的信息，是梅汛期间所有微博信息中转发次数最多（转发 11 次）的一条信息，说明公众不仅需要预报信息，也非常关注应对灾害的措施。6 月 14 日 12 时 36 分："防御指南：1. 政府及相关部门按照职责做好防暴雨工作;2.交通管理部门应当根据路况在强降雨路段采取交通管制措施,在积水路段实行交通引导;3.切断低洼地带有危险的室外电源,暂停在空旷地方的户外作业,转移危险地带人员和危房居民到安全场所避雨;4.检查城市、农田、鱼塘排水系统,采取必要的排涝措施。"

3)实况类信息

6月19日10时发布的两条雨量信息:"第四次强降水从6月18日12时开始,至19日07时全省平均雨量为42毫米,较大的地市为杭州88毫米、嘉兴80毫米、湖州68毫米、衢州66毫米、绍兴62毫米、舟山55毫米、宁波52毫米、金华45毫米。""全省有37个县(市、区)面雨量在50毫米以上,其中3个县(市、区)超过100毫米,分别为常山106毫米、临安104毫米、杭州城区101毫米。单站最大出现在临安大明山达188毫米、湖州石淙164毫米、衢州生态园162毫米。昨天安徽境内的新安江流域降雨量也达70~120毫米。"

类似这样的实况通报类信息在微博气象信息中占有较重要的位置,尤其是有灾害性、突发性天气过程时,公众甚至政府部门都是非常关注和需要这样的信息的。而其他的发布渠道由于某些客观原因,无法像微博一样,随时可以发布实况信息,即使发布了,也无法像微博一样,具备高效的信息覆盖率。

4)实用型信息

20日09时19分的一条微博:"家门口有积水的,赶紧处理掉吧。可以点点蚊香,每天傍晚,把蚊香点在家门口,效果最好。如果家里有小宝宝,还是直接挂蚊帐吧。家里养的水生植物,要定期换水,也可以养点夜来香和驱蚊草。"这条信息被转发2次,再如:

"汽车指数:跟人一样,大雨过后,汽车也要体检一下,检查电路和大灯。天晴了,就把汽车开到一个阴凉的地方,把所有的车门及后备厢盖全部打开,让车内的湿气排出、通风,然后将车内的脚踏垫、椅套拆下来,洗干净晾干。"这条信息被转发了5次,还有人留言说"这个提示好!""浙江天气真人性化!"这些都充分说明了实用型信息正是公众所需要的。

此次梅汛期微博气象服务信息内容覆盖全面,信息量大,包括:出梅入梅信息、中短期天气预报、预警信号、防御指南、实况播报等,可谓全面、周到、细致,收到了比较好的社会反响。由于微博自身的短小性及其便捷的发布机制等特点,使得微博气象平台在发布突发预警信息以及实况信息方面表现出了突出的优势。微博气象平台只有做到内容丰富,信息实用、有价值,才可能形成良好的口碑和效应,从而让更多的人关注微博气象平台,关注气象信息,那么一旦出现灾害性天气的时候,微博气象信息就可以在更广泛的人群中传播,做好防灾减灾初期信息发布工作。

(2)2012年第11号台风"海葵"微博气象服务

第11号台风"海葵"8日03时20分在浙江省象山县鹤浦镇沿海登陆,并先后穿过浙江省宁波、绍兴及杭州北部和湖州南部等地,给浙江省造成严重损失。在应对此次台风过程中,领导高度重视,报预警及时,快速启动应急响应,按照"以人为本,无微不至,无所不在"的气象服务理念通过多渠道、多途径、多措并举地开展服务,并对政府、媒体、公众对此次台风气象服务的评价和反馈进行了整理,从中获得了许多有益的启示。

浙江气象官方微博在第一时间开设了台风专题,对公众提供台风各类重要资讯。"海葵"影响期间，浙江气象官方微博信息更新 165 条，被转发近 5000 次，覆盖粉丝 2000 多万，内容涉及台风动态、台风报告单、追风日志、防御措施、风雨实况以及各类从台风前线传回的视频。网民不仅可以获取台风"海葵"的最新情况以及各类防御措施，还可以看到气象部门"追风小组"记者从一线发来的视频报道，也可以论天气、聊台风。众多网友与浙江天气网互动、留言，每个人都是信息源、每个人都是发布者，台风信息、防御贴士、实况通报以滚雪球的方式迅速广泛传播。

本次微博气象服务引起了省委省政府领导对浙江天气官方微博的高度关注。蔡奇部长 8 月 6 日转发了浙江天气微博发布的台风报告单，提醒公众注意台风消息。8 月 7 日蔡部长再次转发浙江天气官方微博时作出指示："海葵台风正面袭击浙江！各地要严正以待，基层党组织和党员干部要发挥作用，及早做好防台转移工作，确保人员安全不出意外。"两条微博迅速被网友转发 1157 次。郑继伟副省长 8 月 5 日起就通过浙江天气官方微博密切关注台风"海葵"动态，4 次转发浙江天气官方微博有关台风"海葵"的相关信息，并在微博中附加了浙江天气网的网址链接，指导公众获取及时准确的气象信息。

通过收集微博中有关台风"海葵"的互动和留言等反馈内容，可见，社会公众对此次台风气象服务总体比较满意，公众在收到气象预警信息后，大部分人员会积极采取相应的防御措施，及时开展防灾避灾工作，努力提高灾害防御自救互救能力。期间，未出现媒体对气象部门的负面报道和不良评价情况。

（3）"浙江天气"微信气象服务个例

为适应新兴科技不断发展的趋势、进一步拓展气象资讯服务渠道,2013 年浙江省气象服务中心及时开通了微信公众服务平台,为公众提供获取气象信息的新型掌上渠道。

"浙江天气"和"浙江气象"公众号于 2013 年 6 月 24 日开通,7 月 1 日起推送气象信息。微信用户只要搜索公众号"浙江气象""浙江天气"或直接扫描二维码,将其加为好友,便能每天收到气象服务中心发来的一条图文信息。

浙江省气象服务中心每天以单图文消息的方式,主动推送当日气象热点信息,其内容涵盖浙江天气实况、趋势预报、最新天气资讯及近期天气生活提示等等,如图 3.7 所示。推送频率 1 条/天,重要天气过程或有其他宣传任务时,以多图文消息的方式推送信息。

当有特殊天气时,微信及时增加多图文信息。如 2014 年 9 月 21 日气象台预测"凤凰"台风明天可能登陆浙江省,微信第一时间推送多图文信息,通报了台风的实况信息、预测路径及其可能带来的风雨影响,并附加图文"台风防御知识",指导公众防台避险。微信内容用通俗易懂的语言、图文并茂的形式,让百姓收得到、看得懂、用得上,成为真正融入百姓生活中的气象信息。

2015 年春运期间,省气象服务中心每天除了发布常规的短期天气信息外,还提供"春运天气趋势预测",包括省内 10 天天气趋势,全国未来 3 天的天气重点提醒,以方便大家提前安排返乡、访友、出游等各种活动。

2015 年 3 月 23 日世界气象日的主题是:气候知识服务气候行动。人类活动影响气候变化,从温度攀升到冰川融化,从海平面上升到极端天气气候正在发生变化……浙江省气象微信推送"世界气象日"专题,介绍和宣传气象日,并呼吁大家一起了解、分享并应用气候知识,开展强有力的气候行动,尽可能减少气候风险,促进地球家园的可持续发展。

图 3.7　"浙江天气"微信服务页面

（4）省内其他地市微信服务

目前浙江省 11 个地市气象局基本都开通了微信服务功能,每天向公众推送一条实用的图文气象信息,其中杭州、宁波、台州、温州还开通了自定义菜单功能块;舟山每天语音播报推送未来 3 天的天气预报,需要文字的则可获得更多精彩内容。

下面介绍省内微信气象服务情况,以省会杭州为例,杭州市气象局官方微信包含:订阅号"杭州气象"和服务号"杭州天气"(图3.8)。公众号业务主要包括:多图文消息、自动回复功能、网页链接。

公众除了可查询国内外主要城市天气,了解近期天气热点和气象新闻,还可每天收到图文并茂的气象预报、空气质量、温馨提示和人文关怀,出行、健康、饮食、养生、运动、休闲、穿衣、洗晒……各式各样,丰富便利。

同时,借助微信公众平台的互动功能,"杭州气象"和"杭州天气"都完成了自定义菜单设置,包括3个主菜单和9个子菜单,实现了与关注用户的互动交流,用户可通过点击菜单或者输入关键字来获取信息。公众可以回复语音、文字、图片等内容给气象部门,在线咨询最关心的天气、气象科普问题等,气象专家及时为大家答疑解惑,并积极了解公众需求,进一步丰富和完善了微信服务内容。

另外,点击菜单"我的天气"还可以链接进入杭州天气网的手机版,以获取更详细的气象信息。可以定位或查询用户所需城市的精细化预报及更长时效的天气预报,还包括天气生活、天气科普、卫星云图、雷达回波、台风路径图等,让公众随时随地获取包括文字、图片、语音等各种形式的最新天气信息,并可转发至微信的"朋友圈"。

图3.8 "杭州天气"微信服务界面

(5)国内其他省、市的特色气象微信

目前,国内大部分省、市都开通微信气象服务,各省、市气象微信一般以推送单图文或多图文信息的方式来发布天气预报及与民生相关的信息。另外,一些省、市还设置有特色的微信自定义菜单功能块。内容主要集中在:实况监测(温压湿风等要素、卫星、雷达图)、生活指数、空气质量、预报预警查询、互动平台(如照片墙、微设区……),如图3.9所示,还有一些针对性的天气服务,如:交通气象、旅游气象、地铁气象服务等等。

图3.9　"中国天气"和"江苏气象"微信服务界面

以下介绍国内气象微信服务开展较成功的省市和一些有特色的微信服务内容。

广东:

(1)定位查一周天气可看"我的晴雨钟"。新版的"广州天气"微信不仅实用而且很好玩,可以定位查询天气,比如在海珠区的某个位置定位后,直接点击"我的晴雨钟"一栏,立马就有未来一周的天气预测信息和天气实况信息显示出来。例如"我的晴雨钟"告知:"未来一周您所在位置天气不稳定,有一半以上天数可能有降水,最大降水可能出现在8月7日,请及时合理安排出行。"此外,还可以随时查到自身所处位置在各个城区的温度排名,实时跟其他朋友互动交流。

(2)应急气象信息。广东省气象局官方微信升级改版后,当气象预警或突发事件发布时,群众可及时收到广东应急气象信息,第一时间获悉各种气象预警以及突发事件预警信息。微信服务更加贴切便民。

(3)调查问卷。在3月23日(世界气象日)到来之前,"广东天气"官方微信根据需要适时修改自定义菜单,设置新菜单"3·23气象日",通过该栏目开展问卷调查,进一步了解公众对气象信息的需求和建议,如图3.10所示。

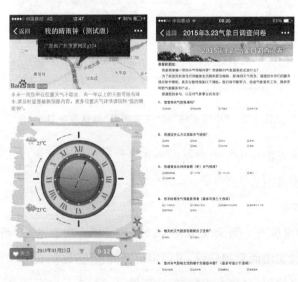

图3.10 "广东天气"微信服务界面

深圳：

（1）地铁沿线气象服务查询。深圳市气象局微信公众账号"深圳天气"推出了地铁沿线气象信息服务。市民乘坐地铁时候，点击微信"深圳天气"的"天气监测"之"地铁天气"栏目，就可以轻松查询相关线路和地铁站站点的气象信息。地铁沿线气象信息包括5条地铁线路沿线及其118个站点的气象实况。据介绍，5条线路及其118个地铁站点的实时气温、风力、风向、降雨信息，每6分钟更新一次；有各站点未来3小时的逐时天气、温度预报信息，每天制作3次，每小时自动订正；还有各站点的天气温馨提示，为市民出行提供参考。

（2）开辟春运专栏，提供省内9条高速公路气象实况监测数据。针对2015年春运期间多发雨雾天，深圳市气象局在"深圳天气"官方微信开辟春运专栏，提供省内9条高速公路能见度、气温、降水等气象实况监测数据，如图3.11所示。

图3.11　"深圳天气"微信服务界面

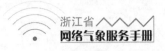

上海:

提供位置天气。借助于先进的格点预报技术,市民只需利用手机定位功能即可获取自己周边 5 千米范围内的最新天气预报,而对于交警等特殊行业人员用处更大,如"定位"易积水的立交周边的雨量预报、"定位"特殊路段的高温预报实现警员合理调班等。

"问天气"。在"问问"一栏中,市民只需开启手机语音交互功能,不用打字就能轻松问到 2348 个国内外城市天气预报,还可随心所欲地询问与气象相关的任何问题,即使询问"今年夏天何时结束"这样的个性化问题,后台小编也会在一小时内请专家帮忙及时答疑解惑。

图 3.12 "上海天气"微信服务界面

"播天气"。"上海天气"微信也在加强与公众的互动性上下足了功夫。公众不仅可以"看"天气,还能"听"天气,"播"天气。"听听"一栏则吸引了众多市民亲身体验一把"天气播报",秀一秀自己"好声音",您可以用优美动听的语音播报,也可以用亲切地道的上海话来播报天气。未来还将尝试邀请医生等不同职业、身份的市民,在播报天气的同时提供当日生活指导。这样,即增加了与公众的互动性,还增强了服务的趣味性,让气象服务更"接地气"。见图 3.12。

3.4　网站气象服务专题

3.4.1　特点和优势

随着气象需求不断增长和网络气象服务快速发展,衍生出了网站气象服务的新形式——网站气象服务专题。网站气象服务专题是对相关新闻、资料及言论的集纳,是一个可以在时间上无限延长的、开放的空间。它是目前对网络媒体标题新闻、一句话新闻、实时转播等报道形式不足的补充,在重大突发性天气事件中,重要天气、特殊天气的气象服务中显现出越来越重要的作用。

在网站的日常服务中,遇有重大事件的报道任务,网站气象服务专题常常是需要首先考虑的项目。浙江天气网的网站气象服务专题主要是针对关注度较高的天气事件(如雨雪冰冻、高温、雾、霾等)、持续时间较长的天气系统(冷空气、台风等)、突发性的天气灾害(暴雨、冰雹、雷暴等强对流天气)或社会热点事件(如全国残疾人运动会、高考、国庆小长假、防灾减灾日等)。利用网站气象服务专题服务进行有组织有计划的集合式报道以及提供相应的气象保障服务。

网站气象服务专题具有网络新闻专题的特点。网络新闻专题集中体现了网络新闻传播的各种特点,通过追踪报道、连续报道等样式,完美、全面的展现新闻报道的整个过程。由于网站气象服务专题在内容上能对某一主题作较全面、详尽、深入的报道,在形式上可以集网络媒体的各种表现手法、技法之大成,因而它被认为是最具网络媒体特色、最能发挥网络媒体新闻报道优势的表现形式。主要表现在如下几个方面:

(1)具集成性又具延展性

网站气象服务专题不受存储空间的限制,因此,它可以以特定的主题或事件为中心,将各方面的相关信息高度集成化,形成一个整体性的信息传播单位。而同时,网络新闻专题又并非是封闭的、孤立的,它以专题的主题为中心,向外辐射形成一个更广阔的信息空间。因此,它是可延展的。

由于这种特性,网络编辑在进行新闻专题的组织时,既要善于捕捉到信息传播的焦点,又要善于围绕这一焦点进行恰到好处的信息延展,使网络新闻专题具备丰富的信息层次,满足不同层次的读者的需求。

(2)具实时性又具延时性

在发生突发事件时,网站气象服务专题可以在很短的时间内开通,并随时跟踪事件进展,因此,具有显著的实时性。但同时,所有的新闻报道和相关信息可以根据需要长期延续在页面中,专题可以在一个空间内承载一个完整的报道过程。

新闻事件的发生发展,往往可能持续数日,在这种时候,任何个体公众都不可能自始至终把握新闻事件的所有线索和信息。如像"神九"升空这样一个多日持续的新闻事件,传统媒体采取逐日报道的形式,这样对于一个连续多日没有接触媒体的人来说,可能会由于信息或者知识储备缺乏造成信息理解和接受的困难。网络媒体则可以在相当程度上弥补传统媒体这一不足,它既能快速反应,也能有所沉淀,可以将持续多日的新闻事件报道进行更加有条理的组织。

(3)为多种信息手段的有机结合提供了空间

网站气象服务专题可以充分运用文字、图片、声音、视频、动画等多种手段,这几方面的有机融合,可以相互补充、相互提升、相互促进,把原本很专业的天气事件变得生动形象、通俗易懂。

在气象服务专题制作中,最能体现整个专题价值、品味的地方就是要充分利用气象服务产品。常规的气象服务产品主要包括实况图片、预报图片、Flash 动画等。此外,在制作专题的时候,可以策划、设计一些有新意的产品。如中国天气网在 2011 年冬天的北京初雪专题中,通过一个柱状图的方式回顾了北京近 10 年的初雪情况;2010 年环青海湖自行车赛气象保障专题中,绘制了路线实况预报图,只要轻轻移动鼠标就能看到每一个站点的天气实况和预报。

3.4.2 形式设计

一屏设计结构合理、制作精美、创意独特、个性鲜明的网页,在传递丰富信息的同时也带给人们美的感受。网页设计是一种建立在新媒体之上的设计,它的信息传播具有图、文、声、像等视觉、听觉、互动的特点,通过视觉传达实现信息的交互。因此专题页面的设计要从便于阅读和突出美感两方面入手。

（1）基本要求

1）简练

平面设计最基本的要求便是简洁凝练，而网络传输的特性更加要求简练的风格。网页设计中用到的所有设计元素，如点、线、面、图形、图像、动画等都是要占据网络空间，尤其是图片，如果图片数据过大，就会影响网页开启和传输的速度，同时也就会影响网页的传播。简洁的网页能在短时间内抓住读者的视线，有效快捷的传达信息。

2）逻辑清晰

专题设计首先要结构清晰、层次分明，即用清晰的线条将页面结构划分清楚，合理布局，突出重要内容，展现专题的精华部分。网络具有承载"海量"信息的优点，但是如果处理不当，也可能造成信息的杂乱无章。通过对网页页面的设计布局，设置专题首页、更多页、正文页以及其他特型页面等，能够使众多看似不相干的单体新闻"集中"和"聚合"起来，呈现出新闻逻辑性、关联性，还可根据需要满足不同层次的网民方便地获取新闻，体现信息的层级式结构，体现网页设计的逻辑思维。

3）整体一致性

网页整体性也是体现一个站点独特风格的重要手段之一。因为网页是传播信息的载体，设计时强调其整体性，可以使浏览者更快捷、更准确、更全面地认识它、掌握它，并给人一种内部有机联系、外部和谐完整的美感。设计的内容就是指它的主题、形象、题材等要素的总和，形式就是它的结构、风格或设计语言等表现方式。任何设计都必须让形式与内容达到统一。

4）融合创意与技术

网页设计与传统平面设计有很大的相似之处，但网页设计还是集艺术创意与媒体技术于一体的设计过程。

在页面表现上，网站气象服务专题的"超文本结构"颠覆了传统报道中相对单调的表现形式，文字、图片、表格、视频、Flash 等多媒体元素的利用，使得新闻内容图文并茂、视听共赏，因此，相比传统媒介，网络媒介在版面设计方面更可以大做文章。网络的多媒体形式，综合运用文字、图像、色彩等多种传播符号，对专题进行整体风格乃至具体内容的准确定位提供了更多元的表现方式，然而多元素的选择应用也给网页设计提出了更高要求，网页设计者必须具备对艺术创意的领悟力和对新技术发展的洞察力。

5）美观

专题的页面构图是对专题的各种造型元素进行组织和安排，使其成为具有思想含义与美感形式的页面形象的过程。构成一页面的主要因素有主要图片、影像、陪衬文字、背景与空白等，还包括影调、形状、线条、色彩构图元素。页面构图时，就是要通过合理选择各种视觉元素，把它们进行比较、搭配、组合与结构，使它们具有一种和谐关系。

（2）专题的版面设计

网站气象服务专题需要突出醒目的外包装，吸引公众的注意，提高网站的点击率。一屏网页需要考虑设计的部分一般包括专题栏头、整体版式、字体及色彩等，现代网页设计风格越来越趋向于简约化。浙江天气网是气象信息的服务类网站，面向普通百姓，关注气象对衣食住行方方面面的影响，体现"为民"理念，因此网页采用与主旨相符的底色配之模块排版，采用统一的标题字体以及栏

间距变宽,使得整个网页具备某种整体风格,清新明快流畅。

1)专题栏头

专题的栏头是专题吸引人们注意力的第一个要素。精心制作的专题栏头,可以使读者瞬间形成对专题的基本印象。专题栏头一般具备以下几个要点:

醒目抢眼:准确使用字体和色彩的合理设计和搭配,产生视觉冲击力,引起人们对专题的阅读兴趣。

文字表达准确:专题标题要简洁而准确地说明专题的主题,它的撰写原则和方法与新闻标题类似。

有效传达情绪:栏头的情绪主要通过两种要素表现,一是栏头所采用的图片,大多数专题的栏头都会选用与主题密切相关或直接反映事件的图片,作为栏头的背景;二是栏头文字的字体、字号与色彩,不同的字体本身也带有一定的色彩情绪。

如浙江天气网2013年针对防灾减灾日推出的专题,防灾减灾是对大自然的敬畏也是对生命的敬重,重新思考"人与自然"的关系问题,是严肃而紧迫的话题,因此我们的专题栏头以一幅落日余晖下的干裂的大地为背景,配以昏黄色调,标题为"弘扬防灾减灾文化,提高防灾减灾意识",引导人们对防灾减灾的重视与思考,达到了推出这一专题的目的,如图3.13所示。

图 3.13   防灾减灾日专题

2）版式设计

这是新闻专题的阅读导向的体现。好的专题必须做到让读者沿着编辑的思路走，这样才能达到最好的传播效果。专题的构架多种多样，但一个最基本的准则是要分清各个栏目的主次，然后按照主次合理安排各个栏目位置，好的版式设计可以直接推动内容的传播。无论是平面媒体还是网络媒体，如何让读者从看到的第一眼就被吸引住，页面效果显得至关重要。这就要求网页设计人员具备较高的审美层次和较强的鉴赏力，去构建专题框架和表现形式。

首先是合理布局网页的界面。电脑屏幕的显示尺寸是十分有限的，怎样通过有限的展示界面传递更多的信息，成为设计布局的关键。合理的界面布局使视线流畅、融会贯通。在界面之中，不同的区域，被关注的程度不同，心里感受也不同，可以依据不同元素的表达需要和画面重心的关系，来安排它们的适当位置。

网页浏览者的视线通常垂直在屏幕中央，然后再向四周游动，因此设计布局时应考虑将重要的信息或视觉停留点安排在注目价值高的最佳视域，突出重点，使主题一目了然。

另外，建立网站导航可以激发浏览者访问更深层页面的兴趣，增进对网站的进一步停留，使网站信息更清晰、明了的存在于观者的视线之内。个性独特的网页能刺激浏览者点击的冲动，让浏览者在"驻足"的过程中一直兴趣盎然。

而首页的完美呈现能起到事半功倍的效果。首页是整合专题各种内容的主要载体，内容相对繁杂，需要进行合理设计。而正文页可以沿用网站一般页面风格或专题首页风格。目前专题设计的几种版式为：

"日"型

这种版式结构为:栏头位于专题最上方的中央,首屏的左边部分是视频或焦点图片,它们共同构成第一屏中的视觉冲击中心。各栏目名称紧接在栏头下,下面的主体位置是最新新闻,接下来依次是各栏目的最新新闻。由小幅图片组成的图片集锦将专题拦腰截断,使人们在阅读了一段文字之后有一种视觉变化,图片集锦的版块也构成第二屏的一个新的视觉冲击中心,使人们再度进入一个阅读兴奋状态。

"门"型

将版面分为四个区间,栏头位于屏幕上方,屏幕的中间部分为主要的文字栏内容,而左右两侧则是图片或相关信息及链接,有一种平衡和稳定感。

"同"字形布局

所谓"同"字形结构,就是整个页面布局类似"同"字,页面顶部是主导航栏,下面左右两侧是二级导航条、登录区、搜索区等,中间是主内容区。

"三"型

它是将主要内容依垂直方向分割成三部分。通常这三部分是专题标题、菜单、主题内容。

"T"型

这种版式将页面分割成三个区域,专题的栏头位于屏幕右上方,屏幕左侧以图片为主,栏头与图片构成类似英文字母"T"的形状,而屏幕的右下区域以文字稿件为主,各个栏目自上而下依次排列。

"T"型版式,版面结构简单,条理清楚,分区明确,便于阅读。

有些专题在中部也会加入一组小图片，版式类似于英文字母"F"，但总体布局思路与"T"型一致。

"平行线"型

这种版式是将版面依一定的比例关系分割成两栏，除栏头外，其余所有内容都分布在这两栏中，左边一栏为核心信息，右边一栏是与之对应的周边信息与辐射信息。两栏内容平行发展，右边信息紧密呼应左边内容。这种版式逻辑性强，版面清秀整齐，有一种纵深发展的感觉。

除了以上几种典型的专题版式外，专题还可以有各种自由风格，亦或是上述几类的结合。在实际设计中也不必局限于以上几种布局格式，有时候稍作适当的变化会得到意想不到的效果，无论采取什么版式，一般原则是线索明晰、便于阅读，同时应该符合平面设计构图的基本原理，即对比、平衡、统一、节奏等。另外，在浏览网页时可以多留心布局方式，遇到好的布局就可以保存下来作为设计布局的参考。

(3)其他元素的运用

若一屏网页上以一成不变的文字为主，会带给读者视觉疲劳感，而对网页进行必要的外在包装，如设计字体、调整字号、搭配色彩等，并配以丰富多彩的图片，将提升专题的整体效果。

1)字体字号

专题中一般文字的字体字号以常规选择为主，不必过分花哨和醒目，各栏目的标题字号可以略大些，字体也可做些设计。除栏头外，专题中其他文字的选择应该考虑到大多数人的习惯，专题中稿件的标题与正文都以宋体字为主，个别重要稿件标题采用其他字体以示区别。专题中的文字多采用蓝色或黑色，有时可根据版面整体的色彩搭配需要采用别的色彩。

2）线条

专题线条的作用是分隔空间以及突出重点。在线条运用中，应该注意它的几个相关因素：线条曲直、粗细及色彩等。一般专题网页中的线条以直线为主，让人感觉稳定客观。

细线条给人眼睛的刺激较为适中，它既能起到强调的作用，又不会喧宾夺主，因此，在图片、文字周围加框时，以细线条为主。

黑色的线条在使用中较为普遍，因为它不会与其他色彩冲突。如果是深色背景，则常用灰色或白色线条。如果需要使用彩色线条，应该考虑版面的整体色彩安排。

3）色彩

色彩的良好运用能够有效传达网站的文化和气质内涵，色彩的特性、色彩的对比与调和、色彩的意蕴等等都是网页设计时应考虑的因素，此外，色彩能给人以独特的心理感受，因此网站建设应有目的地选择网页色系，同时专题色彩还需要与网站整体定位和风格等相一致。如红、橙、黄等暖色系列的纯色给人以兴奋感，易表现快乐的情绪；蓝、蓝绿等冷色系的纯色给人以沉静感，常常使人联想到和平、安静和休养生息，它们还是一种使人镇静的颜色。明亮的色彩如黄色、淡蓝等给人以轻快的感觉，而黑色、深蓝色等明度低的色彩使人感觉较重。在专题制作时，应该根据不同的主题选择不同的色彩表现方式，色彩搭配应为内容服务。专题色彩的搭配一般以简单为宜，过于花哨容易让人产生视觉疲劳。

专题的栏头、图片、文字等要素中包含了色彩，一些专题还有一些功能性色块，用以区分空间的色彩或背景色。专题中的色彩主要有以下几方面功能：

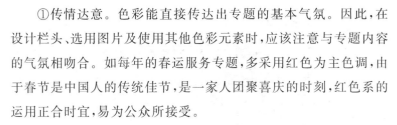

①传情达意。色彩能直接传达出专题的基本气氛。因此,在设计栏头、选用图片及使用其他色彩元素时,应该注意与专题内容的气氛相吻合。如每年的春运服务专题,多采用红色为主色调,由于春节是中国人的传统佳节,是一家人团聚喜庆的时刻,红色系的运用正合时宜,易为公众所接受。

②引导视觉。专题中色彩是一个重要的视觉元素,在引导视觉运动方面具有重要作用。有时往往是醒目的色彩引起人们的阅读欲望。因此,专题要利用栏头及图片等的色彩给读者眼睛以适当的刺激,激发人们去点击。同时,也可通过色彩的变化来引导视线的合理运动。对于一些特别题材的专题,可以通过色彩的使用形成强烈的视觉冲击,给读者留下深刻印象。

③营造美感。一个专题具有和谐的色彩搭配,就可以通过形式来提升内容,使它获得更多关注。

4)图片

随着浅阅读时代的到来,图片的作用和地位越来越突出,形象、生动的图片往往既直观又具有强烈的感染力。"关键在内容,重点在形式,突破在图片",这在网页设计界已经成为共识。

浙江天气网在制作专题时,十分重视对图片的运用,一个专题往往配发4～5幅新闻图片、漫画、卡通图片,使主题寓于图像之中,以更为直观生动的方式表达设计者的理念和意欲传达的思想。

如2012年中考专题,在页面右方放置了一幅婴儿举起小拳头信誓旦旦的样子的图片(图3.14),马上使整个专题网页活泼生动起来。一方面是通过图片表达设计者对考生的祝福和加油,另一方面图片的趣味性也能很好的为考生减压。

图 3.14　中考专题

　　再如 2013 年浙江天气网推出的"端午节服务专题",整个版面
设计透着浓浓的"中国味道",其中几组图片的合理运用起到画龙
点睛的效果。2013 年端午节专题中加入了许多传统中国元素,如
图 3.15 所示在介绍端午风俗的时候,配上几幅剪纸形式的小图
片,浓浓的传统风味"跃然纸上",是对佳节的祝福也是对传统文化
的致敬,凸显设计者的匠心独运。

图 3.15　端午节专题

3.4.3 内容编辑

网站气象服务专题是形式和内容的完美展示,有了形式的包装,还需要内容的升华,形式和内容有机融合,相辅相成,才能使网络专题发挥出最大价值,任何一方面的疏忽和短缺都将影响服务专题的整体效果。上一部分内容收集了服务专题形式设计方面的经验,本部分将从内容的编辑和策划总结近年来浙江天气网网络气象服务人员的一些思路和做法。

3.4.3.1 选题和策划

对于不同的新闻媒介,由于公众定位、媒介功能、传播目的的差异,选题决策也往往不同。浙江天气网以气象信息服务社会和公众,从近年来专题发展的情况看,气象新闻专题选题大致可以分为事件类、主题类以及拓展类三大类,针对每一类的专题有不同的特色和侧重点,网络气象服务人员需要把握不同类型服务专题的差异和重点,做好相应服务。

(1)三类主要的网络气象服务专题选题

事件类

事件类网络气象服务专题是针对当前影响较大的天气过程为主题内容所展开的网络服务专题,通常可分为常规性天气过程和突发性天气事件两种。

常规性天气过程如冷空气、暴雨、高温等,编辑们会根据其影响程度来决定是否需要制作专题。而突发性天气事件通常在生活、行业或区域内都会有较大影响,如以下内容的天气事件:

1)可能登陆浙江省、或对浙江省甚至全国造成较大影响的热带气旋；

2)雷电、冰雹、雷雨大风等强对流天气及其造成的灾害；

3)影响多省多城的极端高温天气,和其带来的干旱等天气灾害；

4)强冷空气(寒潮)对农作物和人们生产生活造成的影响；

5)严重影响交通、危害人体健康的时间长范围广的雾、霾天气；

6)对农业、交通、电力等行业造成严重影响的暴雪、冻雨、道路结冰等；

7)泥石流等衍生灾害及地震等自然灾害,及其他重大天气事件。

突发事件对于媒体品牌的塑造作用不言而喻,但是,突发事件也带给网站更多的压力,因为它要在最短的时间内做出最快的反应。专题该如何做、怎样才能与众不同? 这些问题需要服务人员第一时间做出反应。

对于突发天气事件首先要强调时效性,其次是突出后续报道的跟进。新闻专题人员应尽可能快地获取突发事件的各方面信息,加以充分整合并及时传播出去。在追踪事件发生态势的同时,应当着手事件相关资料的搜集整理。

在策划突发天气事件专题时,一定要设计策划一些独特的气象服务产品,凸显网站的专业性和权威性。对于这一类气象服务专题,工作人员需要了解不同季节可能出现的灾害性天气,并随时关注天气变化,在服务中注重及时性。突发灾害性天气的发展变化是一个动态过程,可能引发的次生灾害也较多,准确、及时、客观的追踪整个天气事件的发展态势,解析天气事件

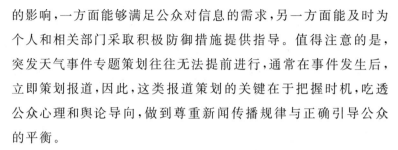

的影响,一方面能够满足公众对信息的需求,另一方面能及时为个人和相关部门采取积极防御措施提供指导。值得注意的是,突发天气事件专题策划往往无法提前进行,通常在事件发生后,立即策划报道,因此,这类报道策划的关键在于把握时机,吃透公众心理和舆论导向,做到尊重新闻传播规律与正确引导公众的平衡。

主题类

主题类专题主要以可预见性的事件为主,包括法定节假日旅游出行气象服务、重大社会事件气象保障服务、纪念日等。

1)假日出行气象服务。如国庆、五一、清明等法定节假日,会有众多受天气影响的出行计划;

2)春节,每年出现最大旅游潮、探亲潮的时期,市民对天气关注度非常高;

3)重大社会事件气象保障服务。需要气象保障服务的重大社会活动,如全国残运会、全国高考等;

4)与气象有关的全国或全球纪念日,如"3·23"世界气象日、"5·12"防灾减灾日等。

由于主题是可预见的,许多网站可能在相同时间推出同一主题,相同的新闻信息来源、共同的新闻背景,如何制作出不同反响的专题,这就要求网站编辑人员有较高的策划能力、采编水平及制作实力等,考验着气象服务团体的整体水平。对于气象新闻网站而言,应该充分利用气象部门对数据的掌握和分析能力,增强专题报道的针对性、贴近性,最大限度地做好公众气象服务,凸显专业网站的特色和实力。

拓展类

拓展类网络新闻专题是对同一事件、不同角度、不同观点的整合，或是针对同一类天气事件、不同时期的比较和总结。没有事件类专题那么强调时效性，也没有主题类专题那么主题鲜明。拓展类专题的选题宽泛，视角开阔，以科普类、生活类内容为主。如春季踏青专题、历史台风回顾专题等。

（2）专题策划原则及方法

网站气象服务专题编辑在组织信息时要敏锐地捕捉信息传播的焦点，并围绕这一焦点融合文字、图片、视频等多种信息手段对信息进行延展，再配合独具匠心的专题制作，可以使网络气象服务专题轻松有趣，信息层次丰富，满足不同层次的读者需求。

专题策划的目的是使传播流程实现最优化，传播效果实现最大化，进行新闻策划时，应遵循以下原则：

1）求真。气象服务专题无论如何策划，都要实事求是，如实地报道新闻。在进行策划时，新闻事实发生的时间、地点、人物、原因、过程、结果，都必须符合客观实际，不可进行策划；而报道的角度、方式、内容组织等，可以进行策划。

2）创新。具有竞争力的策划应做到：一有所突破，打破常规惯例；二有所超越，突出自身价值；三要用独特的视角和超凡的表现形式，实现创新。

创新性常常表现为"人无我有，人有我新，人新我优"。新闻专题策划的创新性就是标新立异，但是也必须要有科学性。所谓科学性是指新闻专题策划前必须认真研究调查，设计方案，进行可行性论证，在几种方案中选择最佳的予以实施。

3）适度。目前有些媒体在进行策划时往往一味炒作，以期引起轰动,在实际的运作中既缺乏科学精神,也缺乏人文精神。

4)时宜。随着新闻竞争越来越激烈,专题策划已越来越多地为网络媒体所重视。在实际工作中,一些重点选题的新闻应该在一两个月之前就开始策划了,如果时机把握得不好,策划就会功亏一篑。当然,时宜性不仅表现在对事件发展每个过程的"先知先觉"和把握上,也体现策划人的政治敏感、全局意识和对新闻的认知程度。因此,策划前必须对当时的社会背景、舆论导向作详细的分析和研究。

专题策划的复杂性在于它的组织过程,从新闻主题的确定、调查研究、报道计划的制定、报道思想的总体设计到报道形式和人员的配置,需要一个较长的过程。而且根据新闻专题策划的动态性要求,在报道实施的过程中,策划者还必须随着时间的推移和事态的发展,重新调整报道的规模、程度和表现形式。

要做好新闻专题策划需要掌握一定的方法,才能比较高效的完成任务。

1)宏观把握,微观入手。编辑们在策划时需要具备高度性的全局把控,也需要细致入微的微观着眼。考虑的是专题如何做,怎么与众不同等。制作专题一般有以下几个主要内容:搭建主题,搜集相关信息,细节上考虑设置滚动图、要闻、概述,推荐防范知识或气象科普等,还要充分利用气象网站独有的数据和产品,发挥网站的资源优势。然而大量的事实材料容易让人产生凌乱感,因此在谋篇布局中要做好策划和编辑,力求达到和谐、统一,既着眼于报道的深度、广度,同时也要给公众审美享受。

2)善于挖掘新闻背后的新闻。关注社会热点事件,寻找与气象相关的信息。

3）采用纵向、横向比较，将报道做深做广。由于网络专题具集成性又具延展性，在一个专题中，进行横向铺成的介绍，也可进行历史纵向的比较，通过多角度的集合，可以给读者对事件全面的立体的了解，也加深了专题的深度广度。如2013年浙江高温专题，不仅有浙江省内高温情况，也通过横向延伸，报道了国内其他省市的高温情况，还通过夏季灾害栏目纵向梳理了盛夏季节容易出现的各种气象灾害。

4）系统方法。策划组织精品专题，要求我们的编辑人员必须具备相当程度的专业知识和专业素养，既要有网页策划和设计的技术，又应该具备气象服务的敏感性。专题必须具备一定的前瞻性、战略性和对策性，要外行看了有味，内行看了有益。

3.4.3.2　制作的基本要素和注意点

在内容制作上，滚动即时报道、背景资料与多媒体素材的混合运用，是网站气象服务专题的主要特色。对于重大事件或特定话题，访问者往往不会满足于浏览单条孤立的新闻，而是需要源源不断的新闻来满足公众追踪事件发展的需求，需要大量的背景材料证明事件的意义，需要直观生动的多媒体声像激发阅读兴趣。新闻专题内容制作必备的要素有：策划思路、栏目设置、标题制作、新闻采编、图片报道。

（1）策划思路

策划思路是专题的灵魂，直接决定了专题的质量水平。策划思路牵动着栏目的设置、标题的制作、专题的构架、版式的设计等各部分工作。一个好的专题必须有一个巧妙的或者独特的主题和思路，一个好思路有赖于编辑人员开动脑筋，认真思索气

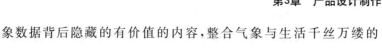

象数据背后隐藏的有价值的内容,整合气象与生活千丝万缕的联系。

（2）栏目设置

栏目设置是专题主旨的具体化,是专题的骨架,处理不当就必然导致专题主题不突出、内容不丰满等。栏目设置应该用发散性的思维,从主题实质出发,将思路外延,构建一个内容丰满的界面,然后根据各个栏目的重要性合理分配栏目位置。

如浙江天气网的 2013 年高考专题,充分考虑了考生和考生家长可能关注的问题,将气象与高考有机结合,在栏目设置上分了几块,包括图片新闻、天气要闻、城市天气预报列表和天气查询模块,还包括与高考相关的其他资讯栏目,如高考时间、高考快讯、有关高考政策,以及贴心的服务信息,如高考饮食、生活小贴士等,全面展示了气象服务高考的策划思路和理念。

再如对于节假日和大型社会活动的服务专题,设置有关旅游天气、景点推荐等栏目,既切合题旨,又生动活泼,能很好的展示当地人文风俗,给公众留下深刻印象。

如 2011 年 10 月,浙江承办第八届全国残运会,主会场设在杭州,这是建国以来浙江省承办的最大规模的全国综合性体育运动会,全国有 32 个省（区、市）、新疆生产建设兵团和香港、澳门特别行政区等 36 个代表团参加,参赛运动员 5000 名左右,加上与会的领导和来宾等,总人数超过 16000 人。四面八方的来客汇聚杭州,给了我们一个展示浙江、展示杭州的机会,浙江天气网适时推出了"八届残运会"专题,栏目设置除了相关的气象服务外,还独创性的增加了旅游和美食推荐栏目,如图 3.16 所示。

图 3.16　八届残运会专题

（3）标题制作

这是每一个专题的视觉刺激,点睛之笔。如何提炼一个好的标题,直接决定着专题的传播效果。报纸的新闻标题和网络新闻标题是不一样的,报纸标题与内容同处一版,读者可以浏览,而网络界面上只显示一个标题。标题的好坏直接决定了内容的传播效果,设计巧妙的标题往往能够吸引更高的点击率。而对导读功能的强化即提示专题关键词、耐人寻味的导语则能够凸显整个专题的重心焦点,从而增强专题对于网络公众的黏合性。

浙江天气网在多年的发展中,也越来越重视标题的设计和制作。网络服务专题的标题的制作主要以实题为主,以简明、醒目、生动的语言展示和浓缩专题的主要内容,同时专题的标题还需要字体、色彩等设计的配合,目的是完美营造"第一眼"效应,让读者在看到版面的一瞬间被牢牢吸引住,从而提高点击率。

例如,2014 年世界气象日服务专题,如图 3.17 所示。该专题的标题颜色以蓝、白为主,标题中文字点明了时间(2014 年)、事件("3·23"世界气象日)及主要内容(主题"青年人的参与"),标题主文字以白色突出显示。配图分两部分,左侧以一幅各国青年人的集体照生动地寓意青年人的参与;右侧蓝天白云底图中加入 4 幅与天气相关的配图(干旱、百页箱、台风眼、雷电),突出"气象"服务的元素。

图 3.17　气象日专题

(4)新闻采编

专题的内容如同我们人类的血和肉,一篇空洞的专题是没有意义的,也没有人会去看。完整的专题不仅需要一个好的主题而且需要好的内容,内容是用以展开主题表达主题的。专题内容一般通过文字和图片表达,而其中文字报道即气象新闻更是突出气象服务的重要方式,因此有必要做好气象新闻采编工作。

专题的内容一方面要符合选题,另一方面要突出气象服务。因此,气象服务人员需要具备全局意识、把握好服务基调,用以指导专题内容的策划和收集工作。另外,专题内容在页面上是通过链接和标题展示的,因此对于每一部分内容都应提炼出有代表性的、精彩的标题或关键词,吸引访问者进一步阅读。

(5)图片报道

随着时代发展和媒体竞争加剧,媒体正在进入一个"读图时

代"。由于版面的限制、出版的时效等原因,报纸、杂志媒体对于图片报道的容量有限;而广播、电视媒体由于体现手段的限制,图片报道的开发也受到不少限制。而网络媒体由于技术优势,在报道容量、时效和体现手段等方面均比传统媒体有更大优势,图片报道成为网络最精彩的亮点所在。

如2013年浙江天气网推出的"端午节服务专题",其中首页一张"龙舟竞渡"的图片成为亮点,如图3.18所示,端午节"赛龙舟"是节日传统项目,放上这样一张图片,切合题旨,同时也间接反映了端午期间天气整体良好的状况,点击图片进入另一页面,在图片下方还有配图说明:"端午期间杭州晴好相伴,在杭州西溪湿地洪园景区,第三届杭州中国名校龙舟竞渡为五常端午系列活动鸣锣开桨,本次活动举行了C9高校龙舟对抗赛、在杭高校龙舟赛、名校名企对抗赛3场赛事。"一条生动完整的图片新闻将给公众留下美好的印象,在欣赏阅读的同时也获得了气象服务信息。

图3.18 端午节专题——龙舟竞渡

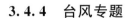

3.4.4 台风专题

浙江省是一个频频遭受台风侵袭的省份,台风是影响浙江省重大的灾害性天气系统之一。在台风影响期间,会直接或间接地给工农业生产、交通运输、国防建设和人民生命财产的安全等方面带来巨大损害。所以在台风多发期,做好台风气象服务,是我们工作的重点,也是公共服务取得良好社会效益的关键,同时随着社会发展需求,台风气象服务也在不断发展当中,如何更好地服务社会,是公共气象服务长期的课题。

浙江省气象部门常年设置"台风天气"专题,不仅关注可能影响浙江的台风,也将所有在浙江服务海区内生成的台风信息列入常规气象服务范畴之中。

3.4.4.1 整体介绍

一次台风天气网络服务基本体现了整个网络气象服务的服务水平。做好台风天气网络服务既是满足防灾减灾的要求,也是对网络气象服务质量的检验,因此对浙江的网络气象服务工作者而言,做好台风天气的网络气象服务显得尤为重要和关键。

浙江天气网常年设置台风天气栏目,不仅关注可能影响浙江的台风,也随时更新在 15°～35°N,105°～140°E 海域内生成并编号的台风,对台风的高度关注一是体现网络气象服务人员全年不放松的意识,二是时刻保持台风天气版块各项功能的良好运转。

对于可能影响浙江省的台风,台风专题在实况路径功能模块下会增加浙江省气象台台风预报主模块,共包括:浙江省气象台台风警报单、浙江省气象台最新台风路径预报图、浙江省气象台最新海区风力图,和浙江省 1 小时、3 小时短临降水预报图等子模块。

其中浙江省气象台台风警报单提供台风最新的变化信息,包括位置、风力强度、雨量、未来趋势等;其发布频次会根据台风的迫近,以及对浙江省的影响程度发生变化。一般情况下在进入 48 小时警戒线时,每隔 3～6 小时发布 1 次台风警报单,最高频次为 1 小时发布 1 次;浙江省气象台最新海区风力图提供未来 24 小时、48 小时、72 小时的海区风力等级预报;浙江省 1 小时、3 小时短临降水预报图则是提供近 1 小时、3 小时的短临降水预报,10 分钟更新 1 次。

此外,根据台风走势,台风专题还提供了浙江省气象台发布的台风预警信息的浏览窗口,及时更新台风的最新消息和灾情实况,并提供当前最新的风云卫星云图、全省的雷达降水回波图、小时降水、小时风力等实况信息。同时,为进一步提高公众对台风的了解认知,在专题中还提供了台风科普知识和行业防台漫画版块,并提供了相关的自然灾害历史资料信息。

根据最新台风动态和未来可能受影响的情况,浙江省气象台发布以下几类有关台风的信息。

台风简报单:当在 $15°\sim35°N$,$105°\sim140°E$ 范围内有编号台风活动,且省气象台尚未发布台风"消息"期间,以台风简报单的形式提供编号台风的活动情况。

台风报告单:在省气象台发布台风"消息"期间,一般采用台风报告单的形式提供编号台风的活动情况、路径预报及防御措施建议等。

台风警报单:在省气象台发布台风"警报"和"紧急警报"期间,采用台风警报单的形式提供编号台风的活动情况、路径预报、风雨影响预报及防御措施建议等。

台风信息发布频次:台风简报单和台风报告单正常情况每天

03:30,09:30,15:30 和 21:30 对外发布 4 次。台风警报单正常情况每天 03:30,06:30,09:30,11:30,15:30,18:30,21:30 和 24:30 对外发布 8 次。

根据台风影响情况及当地服务需要,可视情况增加发布频次。对预报即将登陆浙江省或浙闽交界地区的台风,在预报登陆时间之前的三个小时内每小时加密发布 1 次台风警报单;在确认登陆后,要立即发布一期台风警报单报告登陆情况;登陆后视影响情况加密发布台风警报单或报告单。

每个台风对浙江的影响情况不一,针对不同的台风可能采取不同的服务措施,一般而言,当台风有可能正面影响浙江,将增加与台风名字对应的服务专题,以增强服务效果。同时也会根据实际情况增加其他展示模块,诸如"追风日志""全省面雨量排名"等。

3.4.4.2　个例分析——浙江天气网"潭美"台风专题

(1)台风概况

2013 年第 12 号热带风暴"潭美"于 8 月 18 日 11 时在距离台湾省台北市东南方向约 780 千米的西北太平洋洋面上生成,于 8 月 22 日 02 时 40 分前后在福建省福清市沿海登陆,登陆时强度为台风;其给浙江省带来明显大风和降雨天气,尤其是温、台、丽等地出现强风暴雨,又恰遇天文大潮,致使部分地区受灾,其中温州市和台州市综合致灾强度为 2～3 级(严重或较重)。

(2)服务概况

浙江天气网"潭美"台风专题布局合理、内容丰富、更新及时,主要表现在以下功能模块:①在显要位置放置最受关注的台风"潭美"实况和预报路径信息,预报路径包涵了浙江省气象台制作的预报内容,该模块采用百度 WebGIS 地图开发,具有多路径台风显示功能;②当台风"潭美"进入浙江省警戒范围,立即实时推出体现浙江特色的气象服务内容,包括浙江省气象台最新台风预报、大风预报(1 小时、3 小时)、定量降水客观预报,同时,根据台风"潭美"的路径特点,适当增加历史相似台风信息的介绍模块;③"追风日志"版块,发布来自"追风小组"在第一现场采集发回的有关"潭美"台风的最新视频信息,气象应急指挥车追踪台风前沿,第一时间视频展现台风影响情况,同时同步更新台风最新消息及灾情实况,服务人民大众;④通过气象部门的各种监测手段来反映台风的实时情况,集成并实时更新卫星云图、雷达图、小时降水、风力实况等;⑤实时收集并显示关于台风"潭美"的中央台路径预报、香港天文台、中国台湾、日本气象厅、欧洲中心的相关预报;⑥加强台风知识和科普宣传,集成了台风视频宣传片、台风知识介绍、防台抗台卡通宣传册等形式多样的宣传内容。

为进一步丰富台风专题功能,支持 iPad 等智能终端用户的访问,我们将台风警报单自动转成了 HTML 格式,将多个时次的报告单以列表方式展示,方便用户全面了解台风走势。同时考虑到此次台风"潭美"带来的明显降水,在台风专题 iPad 版中还增加了全省、地市、区县累计时长(包含各个时长:1 小时、3 小时、6 小时、12 小时、24 小时、48 小时)面雨量信息查询的功能,从而全方位为用户提供最新台风、降水气象服务。

台风"潭美"影响期间,专题点击率高达 720780 次。浙江天气网"潭美"台风专题为政府的防灾减灾工作提供助力,同时也满足了广大群众全面了解实时台风气象信息的需求,取得了显著的社会效益。

(3)服务小结

1)多平台共同发布。在浙江天气网、iPad智能终端、浙江天气手机气象站和智慧气象手机客户端中增加了关注台风"潭美"的台风警报单功能模块,模块内容自动更新,从而使得更多移动终端用户可以实时了解台风"潭美"的实况路径及预报信息,和最新降水实况与预报信息。在提高了气象服务关注度的同时,也提升了气象服务质量。

2)高频次信息更新。增加了对各类实况监测信息、预报预警信息、台风警报信息等的监控力度,确保不出现信息延迟更新的状况。同时增加了"台风一线"的新闻报道和视频播报,无缝隙地为公众提供台风影响最及时的资讯。

3)随时改进专题页面功能。改进了台风多路径模块功能,在201312号、201313号两个台风的情况下,页面默认指向用户关心的"潭美"台风显示区域。此外,在智慧气象手机客户端中还增加了:关注台风"潭美"的台风警报单功能模块,模块内容自动更新,从而使得更多用户可以实时了解台风"潭美"的实况路径及预报信息。

4)做好应急处置措施。为避免台风服务期间高并发的用户访问导致网站打开缓慢,甚至崩溃的情况出现,网络服务部工作人员提前做好预备措施,提前安装增加布置了多台台风专题Web服务器和浙江气象外网Web服务器,有力确保了"潭美"台风服务期间网络服务的正常运转。

3.4.4.3 台风天气工作流程

接到相关台风发布信息以后,当日值班人员第一时间完成以

下工作：

1）及时更新发布有关台风的最新预报消息、台风路径、灾情实况等。

2）检查台风路径更新情况。

3）在外网发布台风专题飘浮窗。有台风信息必须第一时间发布飘浮窗，直到台风停编后再取消。

4）时刻关注浙江省气象台发布的台风动态，并及时发布到台风专题"省台台风动态与警报"栏目，直到对应的台风停编后再撤销。

5）各类台风数据信息确保与第一发布单位一致。即网站台风动态与气象台预报内容一致，网站预报与中央台预报内容一致，日本、台湾、香港地区的预报保持最新状态。

6）当日值班人员在下班时需与次日值班人员做好交接工作（如关于台风动态、警报单发布时次，中央台预报发布时次等信息的交流）。

台风应急响应期间，网络气象服务工作应表现出高度责任意识和给予产品更新监控的有力保障，相关流程如下：

1）迅速到岗到位。应急响应期间，网络服务部各岗位工作人员必须迅速回归工作岗位，根据响应需要，实时服务在岗。其中网络信息岗工作人员实行 24 小时值班制，加班人员根据应急响应的等级变化自动调整加班时长，在台风登陆期间，确保各岗位有人员在岗。

2）增加监控力度。应急响应期间，增加对浙江天气网、台风专题、浙江气象手机气象站等网站及智慧气象手机客户端产品信息更新的监控频次，确保网页正常显示和产品的正常更新，特别是针

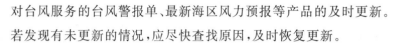

对台风服务的台风警报单、最新海区风力预报等产品的及时更新。若发现有未更新的情况,应尽快查找原因,及时恢复更新。

3)同步更新最新信息。网络服务人员及时关注最新会商信息,同时根据天气变化情况,配合各岗位工作人员在浙江天气网和浙江气象外网上按时发布最新台风实况路径及预报信息;此外在台风专题上发布来自追风小组的有关台风的最新视频信息,追踪台风前沿,第一时间展现台风影响情况,同时同步更新台风最新消息及灾情实况,服务人民大众。

4)做好应急备份。网络技术岗位工作人员应认真做好实时网络保障工作,确保网络系统、服务器的正常运行及中心其他科室的技术支撑。了解台风的预报变化情况,对可能正面影响浙江省的台风,注意做好各项技术预备工作,避免台风服务期间高并发的用户访问导致网站打开缓慢,甚至崩溃的情况出现。网络服务工作人员应提前安装增加布置多台台风专题 Web 服务器和浙江气象外网 Web 服务器,确保台风服务期间网络服务的正常运转。

3.4.5 其他服务专题

在网站气象服务专题策划中,最为重要的是对天气事件、天气过程的判断,即什么样的天气事件和过程制作专题报道,另外一些可预见性的专题如春运、中高考等服务性专题,可提前进行策划制作。网络媒体具备多项优势,如何利用这些优势,在网站气象服务专题设计策划上下功夫,达到让公众"过目难忘"的效果,有助于提升气象服务的价值。

3.4.5.1 春运天气专题

每年的春运关系亿万百姓,制作春运天气专题,为公众做好出

行服务,是浙江天气网近年来工作的必要环节之一。在春运天气专题中要特别关注的是:

1)展示喜庆气氛。利用栏头设计、红色以及喜庆图片的运用,还有展示春运百态的板块,共同烘托出"回家过年"喜庆洋洋的氛围。

2)着眼全国范围的服务。天气预报等不仅仅是浙江本省的预报内容,还有必要提供全国的春运天气预报,方便在不同的城市间往返的人们了解当地天气状况。

3)设置与春运相关的行业服务类信息。如春运交通、春运动态、春运政策等。以春运交通为例,每年春运期间正是一年当中雨雪天气较频繁的时候,交通较多的受到天气的不利影响,如雨雪天气能见度差,可能导致高速封路、航班延迟等,回家"在路上"的人们自然对交通极为关注,设置类似"春运交通"的栏目正合时宜。春运期间,为方便大家出行,回家的路上更加舒心,春运气象服务专题会提供全省高速公路预报,省内中长期预报,全国主要城市预报等相关预报信息。同时如果有出现降雪、冰冻等恶劣天气,对应的全省雨雪深度分布图、高速公路关闭情况等信息,都会第一时间在气象服务专题上发布,服务大众。在具体的专题服务中,应更多增加类似的对天气敏感行业的服务信息,此类信息对公众社会的影响面广、需求度高,能充分体现服务价值。

3.4.5.2 灾害性天气专题

(1)高温专题

2013年浙江高温多次突破历史记录,浙江省气象台多次更新发布高温橙色预警甚至高温红色预警,以及后续干旱橙色预警。

在这之前,浙江省气象服务中心预先制作高温专题服务大众,为政府及市民群众防高温抗旱提供气象服务。高温期间,浙江天气网推出高温专题后市民关注度明显提高,满足市民需求、取得社会效益同时也提高了浙江天气网的推广宣传力。专题栏目分天气新闻、预报预警、气象科普、健康养生和其他这几大类。

1)天气新闻类为重点内容,每日第一时间更新,包括每日天气要闻、图片新闻和社会新闻。市民群众可以通过每日天气要闻和图片新闻栏目了解浙江最新天气情况,通过社会新闻了解与天气相关的国内新闻。

2)预报预警类,包括天气查询、城市天气预报、浙江天气微博、预警信号解读和发布。预报内容每日更新,而预警内容则由浙江各市县发布预警信号后,第一时间显示在专题中。

3)气象科普类,包括高温知识和天气灾害,主要介绍与"高温"天气相关的常见性科普知识,及对灾害性天气的解释说明,提高专题科普性的同时也为用户提供气象科普知识。

4)健康养生类,夏季市民生活生产中会发生很多情况,如中暑、空调病、防晒等,夏季养生和健康贴士可以帮助解决或预防这些与"高温"息息相关的日常问题。

5)其他:夏日美图欣赏和夏日浙江展会信息,它们使专题内容更丰富生动,页面更美观大方。

2013年浙江天气网高温专题具有以下几方面的特色:

1)整体凸显新意。时值夏季,一般高温专题中多运用蓝色系冷色调,意图给读者清凉之感。而浙江天气网2013年的高温专题逆转思路,其中大胆运用以红色为主的暖色调,加上几幅背景图片的协调配合,使整个专题更显厚重大气。红、黄、绿三种纯色的

搭配,夏季灾害天气图片的选择,应用行业工人在烈日下工作的剪影作为图片背景等,均显示了编辑的独特策划,传达出气象部门对高温天气的强烈关注以及对公众生活的强烈关怀,有很强的视觉冲击力。

2)图片选择独具匠心。2013 年的高温专题的图片新闻报道独具特色,专题中以多幅市民在高温下生活生产的图片反映人们的生活。"开挖引水渠"是临安市某村村民为解决用水问题而赤膊劳动的场景,还有人们在高温下为各类经济作物频频浇水的图片,以及"西湖落日　世界最美""争睹流星雨"等反映当年夏季热点话题的图片,除此之外,还特别设置了以图片展示为主的"夏日风景"栏目,"雷锋晨曲""夏夜荷花"等图片增加了美感也增加了亲和力,给炎炎苦夏带来清新气息。

3)视野开阔。不仅关注浙江省内的高温情况,还放眼国内,将全国各地高温天气对生活生产各方面的影响进行了汇集报道。用户打开专题便可对浙江近日天气及全国高温新闻一目了然。

4)灾害防御信息权威及时。预报预警类包括天气查询、城市天气预报、预警信号解读和发布等内容,其中预警信号在浙江省以及各市县发布预警信号后,第一时间显示在专题中,几乎同步发布。针对高温天气下的科学普及和灾害防御工作,特别设置了"天气灾害""高温知识"和"健康贴士"栏目,具有很好的指导意义。

(2)道路结冰

2013 年春节期间推出的道路结冰专题,整体色调以蓝、白色为主,切合题意。其中的策划思路也借鉴和延续了一些创新的做法和思路。

1)多元素突出对灾害的关注,引起公众注意。如专题栏头以一幅西湖银装素裹的图片为背景,导读部分以一小段关切的文字突出主题:元旦小长假结束,冷空气的到来,浙江迎来 2013 年的第一场大雪,不仅雪较大、持续时间长,而且范围较广,这样的天气为人们的出行带来很大不便,在未来的几天,浙江仍以雨雪天气为主,还将伴随道路结冰,对于驾车出行的人们带来严重影响,在这样的天气情况下,人们做好防寒保暖的同时,出行注意安全,防止意外跌倒;驾驶员要注意减速匀速行驶,切忌猛踩刹车或猛打方向引发交通事故,同时驾驶员在出车前一定要检查车辆轮胎、制动、灯光,保证车况良好,并准备好防滑链等装备,更要及时了解天气情况和路况信息。

2)加密天气新闻报道,公众随时了解最新动态。天气新闻以每天 5~8 篇的更新频次加大报道力度,包括实况、预报预警信息、灾害防御、气候分析以及对生活的影响报道等,在版面正中的位置以大标题形式突出显示,吸引读者点击。

3)利用图片形成冲突反差。灾害性天气确实给社会各方面带来不利影响,然而在浙江天气网的专题制作中,除了以高度责任感和专业态度关注天气外,还别出心裁地在细节中体现人文关怀。如一幅电力工人在冰雪中抢修电网的图片,一幅在厚厚的雪地上写就"福"字的图片……通过策划编辑的巧妙组合展示了人们面对灾害的奉献、乐观、向上的精神,不仅没有削弱对灾害性天气的警示作用,反而增强了服务效果。

3.4.5.3 节假日专题

迎合节气、假日等推出相应的网络专题,体现网络亲和力。如2013 年端午气象服务专题中,除了具备天气服务类专题所共有的天气预报、实况、新闻类信息外,网站编辑还从以下几个方面体现独特的策划和思路。

1) 色彩的运用。黄色、绿色为主的色彩搭配，与端午节春意盎然的气息相吻合，整个页面清新、富有生机。

2) 浓浓的中国元素和节日气息。有关端午的风俗、典故、诗词等，中国水墨画、中国剪纸贴画等图片的运用，杭州城内市民各式各样的端午庆祝活动，赛龙舟、雷锋塔下包粽子、点雄黄等。

3) 独特的栏目设置。专题并没有就天气谈天气，而是通过与端午节有关的来历、诗词谚语等，将端午与天气的联系展现出来，使网友查询天气为端午出行做准备的同时，还能加深了解中国一年一度的传统"端午"佳节。还通过旅游景点介绍的形式推荐公众选择适宜这个季节出游的地方，以及设置国内几大主要城市的天气预报信息版块。

3.4.5.4　纪念日专题

纪念日或特定会议、活动等专题报道属于可预知的事件，对这类新闻专题的制作一般可以提前进行，时间相对充裕，网络编辑有充分时间进行设计安排，同时编辑们已经积累了较丰富的经验，资料的储备比较多，有利于为专题制作建立良好的基础。

如"3·23"世界气象日是气象界每年的重要事件，而我们的网站气象服务专题可以围绕每年的气象日的主题展开策划和制作。融合对主题的介绍、气象专家对气象日的致辞和对气象发展的诠释、气象科普宣传、各省、地(市)的气象日活动报道等，可以组织策划内容丰富多彩、别开生面的专题。不过如果每年照着往年的思路和模式走，很难创新突破，因此网站气象服务专题制作、服务人员，仍然需要积极思索，求新求变。如2014年的"3·23"世界气象日专题就很有新意地加入了"灾害模拟游戏"版块，游戏非常有趣，而且在进行游戏的同时,就学习到了灾害防御的知识,可谓寓教于乐、一举两得。该版块切合 2014 年世界气象日"天气和气候:青年人的参与"这一主题,同时增加了网页点击率和网民停留时间。可见网站气象服务专题服务不能照本宣科,需要打开视野,多学习、多思索、多实践。

纪念日专题服务注意点:

1)突出纪念日的特定主题。包括对纪念日或相关活动的介绍、每年主题的涵义等。让公众对事件有总体了解。

2)相关主题活动的报道。一般纪念日或会议或活动等,都会组织针对主题的相关活动,对相关活动做好报道也是内容之一。

3)气象服务的报道。气象与纪念日、会议或活动的关系以及气象服务情况的报道,正是展示气象服务社会、服务重大活动的重要内容。

3.4.6 注意事项

从网站气象服务专题制作的介绍上,不难看出,一个气象服务专题就是一个小型的网站,内容丰富、设计感强,具备较强的吸引力和感染力。制作好专题应从以下几方面考虑:

(1)把握好专题上线时间

对于可预见专题,报道的时机一般有先发式和同步式。先发式是指在事件到来之前的某个时间点,便启动新闻专题报道,以此达到先声夺人的效果。同步式是指新闻专题的推出与事件的发生时间基本同步,这样的专题让人感觉时效性强,也与公众需求同步,但是也容易与其他媒体"撞车"。

（2）把握全局，细节制胜

确定了专题策划组织方式之后，最重要的一步就是专题版块的设计和策划，注意核心信息、周边信息和辐射信息的协调统一。以台风专题为例，把核心信息统一放在最上边，左边为滚动图片、专家访谈、视频报道等，中间部位为台风动态、要闻以及各地影响，右边是台风定位信息、命名由来。同时根据网站现有的资源，添加一些与台风相关的气象数据和产品，比如最新台风实况路径动画、天气雷达、卫星云图等版块。之后还可以再次衍生，增加防台漫画、防御科普知识等相关信息。

（3）突出内容，脉络清晰

在策划事件类网站气象服务专题时，专题编辑们首先要尽可能多而全地搜集并整理相关资料，充分整合并融入专题后向公众传播。对于突发性天气事件，除了要满足上述要求外，它特别强调时效性，其次是突出后续报道的作用。当突发性天气事件发生时，编辑们需要在第一时间制作并推出专题，再在专题上线后不断完善设计与内容。专题策划需做到因时因地制宜，而一些独特的气象服务产品，可以凸显服务整体的专业性和权威性。

（4）时刻保持创新意识

好的专题策划是利用铺垫、渲染、递进、点睛等手法，主题鲜明、重点突出地为公众解读气象事件。它可以根据新闻事实以及发展趋势，进行多角度、多层次、主题鲜明和有深度的报道，深入反映事物的社会价值，揭示其中的思想内涵和本质特征，进一步增强报道的吸引力和感染力，从而扩大媒体的社会影响力。其策划重点是报道的时机、规模、角度和手段等。

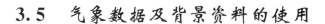

3.5　气象数据及背景资料的使用

气象新闻具有一定的专业性和知识性,在气象新闻写作中,不可避免地会运用到各种气象数据或资料。新闻工作者已经越来越重视数据在新闻写作中的重要性。在气象新闻中,气象数据及其相关资料,可以从量化的角度准确报道新闻事实,如反映已发生的天气现象、揭示未来天气的演变发展趋势,也可以作为辅助性材料,分析解读天气特征、形成机制,解答疑问,帮助读者更好地理解新闻的内容和含义,增强新闻的说服力和可信性。

3.5.1　气象数据的类别

气象数据可分为实时天气数据、预报数据和气候数据三大类。实时天气数据是为天气分析和预报服务的各种气象数据,它们准确地反映了当前各地发生的天气现象和实况。预报数据能清楚地阐释未来天气趋势发展情况。气候数据通常所指的是所有过去已观测到并记录下来的各种原始数据及加工、整理、整编所形成的各种产品。它们是了解各地气候特点、气候背景以及分析当前出现的各种天气现象与历史情况对比的重要依据。当气象新闻需要做历史纵向角度的分析时,就需要调用气候数据了,一般运用在出现了比较极端或异常的天气现象时。

气象数据很多,切忌大量数据的罗列,使读者不得要领,使用时若能抓住要点,适当处理,往往能够使论述更加确切,更有说服力,加深印象,甚至起到画龙点睛的效果。

3.5.2 气象数据的使用方法

气象新闻对气象数据的使用除了直接引用,还经常要进行加工处理,这时常采用对比法。

1)点对点的对比,如某一日或某一时刻的数据,与过去某一日或某一时刻的数据进行对比,或者不同地区相同时刻数据的对比。当出现气温骤升骤降的情况时,常常将相同时刻的气温进行对比,或者为说明某些地区的差异,也将某地区气象要素与其他地区进行比较。

2)点对历史平均值或极值的对比,如某一日或某一时刻的数据,与历史同期极值或历史平均值的对比。这种方法运用的比较多,当出现比较明显的天气异常时,一般都会与历史同期值进行对比。如:省会杭州气温高达 40.4℃,创下 1951 年以来当地气温最高纪录。此前的最高记录出现在 2003 年 8 月 1 日,为 40.3℃。

3.5.3 气象数据使用的注意事项

(1)挑选典型数据

气象数据很重要,但绝不能不加筛选、不分主次地罗列、堆砌,一定要遵循少而精的原则。要学会梳理、编辑、删减,抓重要的、典型的数据。如在说明冷空气造成的影响时,要注意选取降温最剧烈或者降水量最大的数据。

如 2013 年浙江的一次梅汛期暴雨过程,各地雨量明显,具体数据繁多:据气象监测,此次降雨过程全省面雨量 57 毫米,其中杭州市 110 毫米(杭州城区 90 毫米)、宁波市 88 毫米、嘉兴市 80 毫米、绍兴市 75 毫米、舟山市 66 毫米、湖州市 59 毫米、衢州市 45 毫米、金华市 45 毫米、台州市 44 毫米、丽水市 26 毫米、温州市 17 毫米；杭州市和宁波市有 9 个县(市)面雨量超过 100 毫米,依次为临安 147 毫米、桐庐 123 毫米、淳安 110 毫米、慈溪 109 毫米、浦江 105 毫米、富阳 104 毫米、鄞州 102 毫米、建德 101 毫米、萧山 100 毫米……。

如果不加筛选地将所有数据写入新闻报道中,必然适得其反,因此选取最重要的数据,同时考虑到降雨发生的时间恰好适逢当年高考,如此一结合,更有针对性,服务效果更强了。如:6 日夜间至 7 日白天,浙江大部出现了今年梅汛期的最强暴雨,7 日是高考首日,雨势丝毫不减弱。6 日 14 时至 7 日 16 时,浙江全省平均雨量 47 毫米,其中,杭州临安清凉峰降水量为全省之最 237.3 毫米。

(2)进行适当分析

要善于通过适当的分析,挖掘气象资料背后的价值和意义。

如在描述降雨量时,如果只是简单罗列雨量数据:50～100 毫米、120 毫米以上等,会让读者不明就里,如果在雨量之后加上一个形象的概念,50～100 毫米达到了暴雨级别,120 毫米以上即出现了大暴雨,这样读者比较好理解。再如:当记者进入防空洞里,温度定格在了 21.2 ℃。这个温度可以说是比家里开空调的温度还要低,如果不披件薄外套,人体感觉都会有点冷了。报道中用"比家里开空调的温度还要低""如果不披件薄外套,人体感觉都会有点冷了"两个生活中最直接的感受解释了"21.2 ℃"这一温度,非常具体形象,读者感同身受,比起单一写温度值生动得多。

若能将气象要素可能造成的不利影响写出来,自然能更好地起到生活指导作用。如:夏日里,受太阳辐射影响,路面温度较高。监测显示,昨天杭州路面温度超过 70 ℃。备受炙烤的柏油路容易引发爆胎等事故,存在很大的道路交通安全隐患。采编人员注意到了路面温度升高容易引发爆胎的事实,向公众提出了提醒,这样70 ℃这一数值不只是单单说明气温高,还可能带来交通安全隐患,很好地引起了读者的注意。对气象数据进行类似的分析更具实际意义和实用价值。

(3)注明数据时间

由于天气瞬息万变,预报也处于不断的滚动更新,气象数据永远处于动态变化中,因此采编人员在写稿时,不论是实况数据还是预报数据,一定要标明数据监测或发布的时间,这样才能使气象新闻真实无误。如果使用的是累计数据,还要标明数据统计的起止时间。

3.6　图表的使用

在网络气象新闻的运作中,新闻照片大都来源于传统媒体。虽然目前一些网络媒体也大力发展原创新闻,以及一小部分专职摄影记者的作品来满足新闻发布的需要。但总体来说,网站编辑的任务更多是进行新闻照片的选择和加工。

3.6.1　新闻照片的使用原则

(1)重要页面的焦点图片必须具备视觉冲击力

所使用的照片必须美观、清晰、明亮,同时考虑新闻性和重要性,图片应表意清楚,对于主体不够突出的图片,应予以必要的剪裁处理,新闻资讯类图片避免使用资料图片或非现场图。

（2）所有图片要有图注

图注包括解释图片内容的时间、地点、人物、事件等基本要素，主要人物必须注明姓名、身份以及在图片中的位置。资料图片须在图注中加以体现，如"资料图片："。图注文字最好在一行之内，文字居中，超过一行应左对齐。图注与图片的距离不得过远。高清图图注和正文不得超过 5 行。

（3）注意图片版权问题

图片要尽可能注明摄影者，使用与正文出处不同的图片要注明来源。原创图片在使用时需加水印，保护版权。

3.6.2　气象新闻图表的制作

图表能把复杂的现象条理化、让抽象的分析形象化。当编辑发现某些信息用图表的形式来传播，比用文字、照片、视音频等媒介来传播更为恰当、有效时，就应当想办法把信息图表化。这样，那些需要网民费不少精力从文字、照片、视音频中理清的信息，运用图表能够帮助网民更简洁、更有条理、更直观、更形象的掌握。

由于天气新闻常常涉及到气象数据，在天气状况较为复杂的情况下，适当采用一些图表会对新闻的写作大有帮助，同时也能让网民一目了然。

（1）表

表格的好处就是能将复杂而繁多的数据，分类列于表格中，使数据丰富而有序，便于人们分析数据，让数据的意义能明白地表现出来。在编辑天气新闻时，当气象数据太多时不妨采用表格的形式，使之清晰、明白、易读。

（2）图

图，有条形图、线形图、饼式图、地图等。条形图侧重表现各个数据值的情况，图中的每一个条形代表一种数据。线形图反映一个数据随着时间而产生的变化，即所谓的趋势。饼式图适合于反映各个数据在总体中所占的比重。地图可用来图示新闻时间发生地的具体位置，给人直观的印象，有时也用来将新闻事件在此地发生发展的过程形象地传递给网民。

对于天气新闻来说，图的应用更加广泛：全国降水量预报图、雨量分布图、气温变化图、雷达图、卫星云图等等，凡是对说明天气现象或趋势有作用的图表都可以运用其中。

第4章 服务平台

4.1 公共气象服务业务系统

浙江省公共气象服务业务系统在业务平台架构的基础上结合公共气象服务业务流程,共分为 7 个子平台,分别为信息平台、制作平台、发布平台、评估平台、交互平台、监控平台和共享平台,各平台业务流程如图 4.1 所示。浙江省公共气象服务业务系统运用

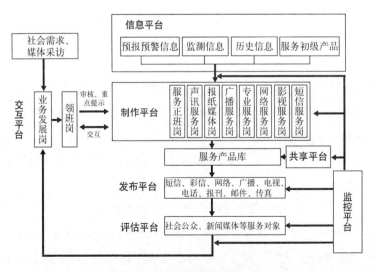

图 4.1 平台业务结构流程图

当前流行的 JAVA 技术、.NET 技术以及 Delphi 技术,构建于 ORACLE 数据库系统和 Windows 2003 Server 企业版操作系统之上,以 B/S 和 C/S 相结合的模式实现了公共气象服务业务中数据获取、加工制作、管理、发布流程的集约化、规范化和高效化管理。系统实现了服务信息多元化、服务管理规范化、服务产品标准化、产品加工现代化、信息发布快速化、服务监控自动化、服务评估业务化、信息共享全面化、信息交互实时化、技术保障科学化。

信息平台:包括监测信息、预报信息、市县各部门初级产品、历史资料、预警信息等。

制作平台:包括全省短信编审功能和各类公众服务和专业服务产品制作、编辑、审核功能。其中短信编审模块:通过审核人员设置的短信黑名单、短信白名单等功能自动匹配出不合理短信和正确短信,并以不同颜色的标记在全省地图上直观显示。产品制作模块可实现产品制作人员自动调用预定义的各类产品模板;在产品制作同一界面,同时可调阅省台和其他单位各类实时预报和产品资料以及历史同类产品信息,为产品制作提供全方位的资料依据;在产品制作界面可以自动插入预定义全国各地区、各时次的7 天精细化预报数据表格。

发布平台:将各类制作的服务产品,通过网站、传真、短信、报刊、电视、广播等载体发布。

评估平台:针对收集网站访问率、影视收视率、声讯拨打率、短信发送数等各类对外服务的反馈数据反馈到业务系统平台,并聘用气象评论员使用手机短信和网站反馈手段,每天对手机短信内容和气象影视节目的满意度进行评价。通过收集这些数据的在某

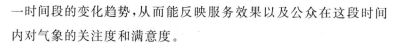

一时间段的变化趋势,从而能反映服务效果以及公众在这段时间内对气象的关注度和满意度。

交互平台:可实现岗位实时交互、短信交互、工作信息上报、Notes 信息发送、邮件交互等。

监控平台:包括对服务产品的总体工作进度监控、服务产品的分类单项监控以及服务产品工作报警、数据库产品监控、预警提示、异常天气报警等功能。

共享平台:各种气象服务产品共享与展示。

4.1.1　信息平台

信息平台是各类气象信息的汇总,能很方便查询相关信息,包括:短临雷达降水、旅游景点预报、影视制作资料、交通气象、协理员信息、预警信息、网络化预报产品、指数预报、水库流域、实况资料、历史资料、监测资料、省台产品、初级产品、灾害查询、精细化预报、文件资料查看、历史台风等信息。帮助气象服务业务人员及时掌握查看气象信息,并用于制作服务产品。

4.1.2　制作平台

系统通过以下几个方面对公共气象服务产品进行制作规范:

1)规范服务产品制作流程,细化服务产品的审核流程,一个服务产品的制作需要经过"采编－审核－发布"三个步骤来完成,减少制作过程中的人为失误。

2)为每个服务产品的制作提供操作模板,规范产品制作的基本内容,系统提供三种类型的模板接口"文本直接输入、文件共享模式、FTP 模式"如图：，模板的添加如图
4.2 和图 4.3 所示。

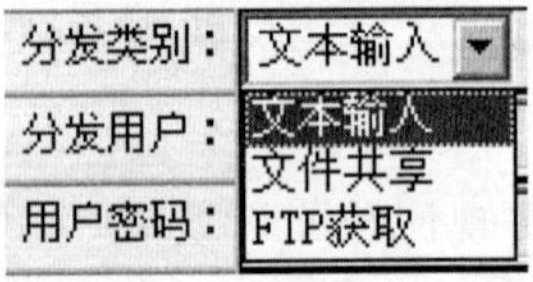

图 4.2　服务产品模板添加

图 4.3　专业气象广播稿模板

　　3）为服务产品的发布提供统一的发布途径，提高服务产品发
布的权威性。业务平台提供的发布途径有：传真、邮件、网站、短信
等，如图 4.4 所示，所有的发布途径都以浙江省气象服务中心名义
对外发布。

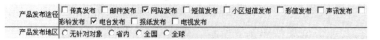

图 4.4　发布途径和服务地区选择

4.1.3　评估平台

浙江省公共气象服务调查评估系统是对影视、短信、声讯、网站等气象服务作调查及评估的综合性系统。系统采用 Delphi 语言环境，构建于 SQL Server 2000 数据库系统和 Windows 2003 Server 企业版操作系统之上，浏览平台采用了目前流行的 B/S（Browse/Server 的简称）结构的网络架构。调查评估运行系统拓扑结构如图 4.5 所示。

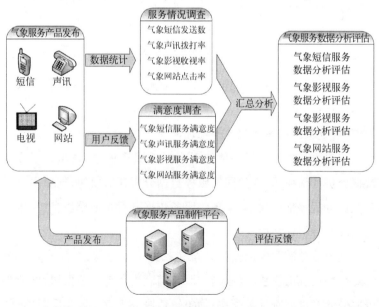

图 4.5　拓扑结构图

浙江省公共气象服务调查评估系统按业务可分为 3 大子系统,其业务框架如图 4.6 所示。

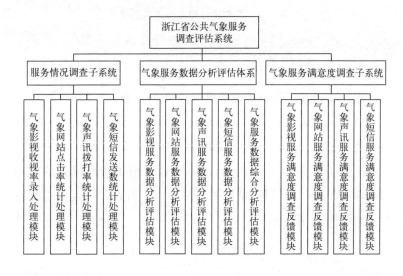

图 4.6　业务框架图

服务情况调查子系统包括 4 大子模块:气象影视收视率录入处理模块;气象网站点击率统计处理模块;气象声讯拨打率统计处理模块;气象短信发送数统计处理模块。

气象服务数据分析评估体系包括 5 大子模块:气象影视服务数据分析评估模块;气象网站服务数据分析评估模块;气象声讯服务数据分析评估模块;气象短信服务数据分析评估模块;气象服务数据综合分析评估模块。

气象服务满意度调查子系统包括 4 大子模块:气象影视服务满意度调查反馈模块;气象网站服务满意度调查反馈模块;气象声讯服务满意度调查反馈模块;气象短信服务满意度调查反馈模块。

4.1.4 监控平台

系统监控的功能包括:服务产品的总体工作进度监控,以列表形式和饼图形式显示,列表中可以分类查询和模糊查询关键字信息,饼图中显示已完成、进行中和未开始工作的信息。服务产品的分类单项监控,以列表形式显示服务产品,每步操作的具体详细,显示此类服务产品最近 3 次的历史信息。数据库产品监控,根据产品入库时间监控数据库产品是否按时入库,以列表形式显示,列表中可以分类查询和模糊查询关键字信息。此外还具备动态滚动显示文字产品,动态显示图像产品的功能。

临近工作包含了近三小时内所需完成的业务,并对其进行监控。如图 4.7 所示。

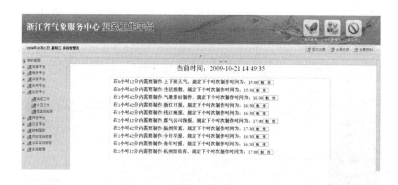

图 4.7 三小时内临近工作

今日工作包含了当日一共需要完成的所有业务,并对其进行监控。也可选择日期查询某一天工作完成情况,如图 4.8 所示。

信息流程监控包含了当日一共需要完成的所有业务,并对其进行监控。以列表形式和饼图形式显示,列表中可以分类查询和

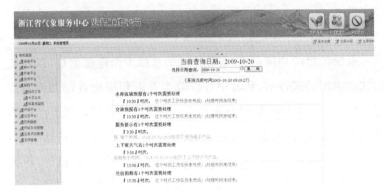

图 4.8　今日工作

模糊查询关键字信息,饼图中显示已完成、进行中和未开始工作的信息。并对时限内需完成工作进行提醒。工作报警根据距离工作完成时间长短分为一小时报警、半时报警、十分钟报警和超时报警四类,分别以蓝、橙、红、黑四色报警,报警信息以定时弹出窗体、手动弹出窗体和可控制的滚动条三种形式显示。如图 4.9 所示。

图 4.9　信息流程监控

4.1.5　交互平台

通过交互平台实现了业务平台内各岗位间的信息报送、业务实时交流、工作提示、服务重点提示、灾害性天气提示、重要通知等功能。信息报送手段有通过业务平台内报送以及通过手机短信报送两种方式；系统根据产品制作时间可自动提示工作情况；通过业务平台可以与全省公共气象服务人员进行实时业务交流并能及时发送重要的通知。

信息报送指工作人员在工作过程中遇到把握不定的问题，可以将该问题通过业务平台直接报送给服务领班或相关领导审核或批复，如图 4.10 所示，领导批复后可以立即反应出状态，如图 4.11 所示，报送接收人可在交互信息区立即显示报送的信息内容，如图 4.12 所示，报送接收人回复信息后，报送人点击批复可以查看具体的批复内容，如图 4.13 和图 4.14 所示。

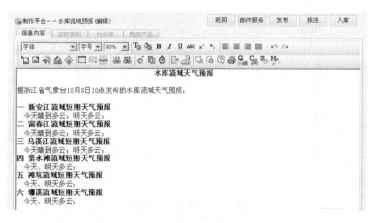

图 4.10　产品制作过程的报送功能

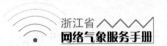

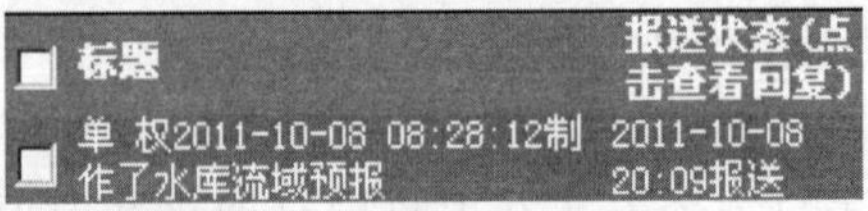
标题
报送状态(点击查看回复)
单 权2011-10-08 08:28:12制作了水库流域预报
2011-10-08 20:09报送

图 4.11　报送后状态反馈

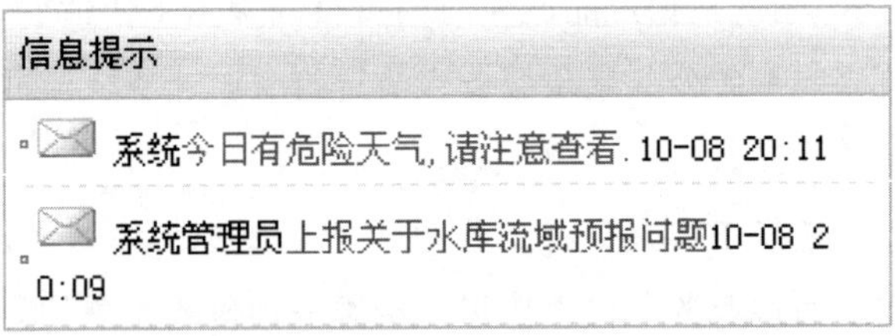
信息提示
系统今日有危险天气,请注意查看. 10-08 20:11
系统管理员上报关于水库流域预报问题10-08 20:09

图 4.12　报送接收人在信息提示区的状态显示

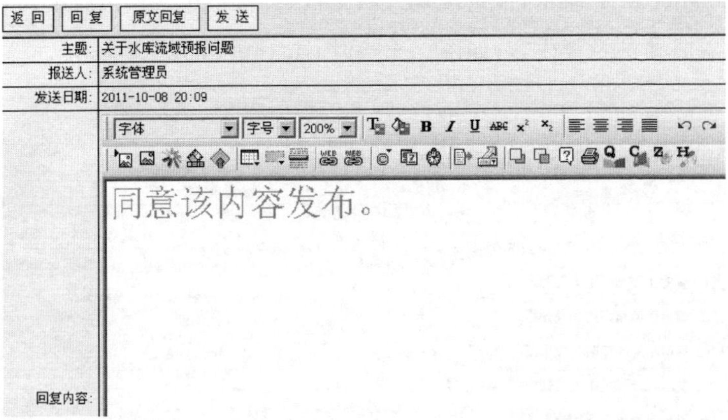
返回
回复
原文回复
发送
主题: 关于水库流域预报问题
报送人: 系统管理员
发送日期: 2011-10-08 20:09
字体
字号
200%
同意该内容发布。
回复内容:

图 4.13　报送内容回复

报送:	李 建	主题: 关于水库流域预报问题		报送时间:	2011-10-08 20:09

水库流域天气预报

据浙江省气象台10月8日10点发布的水库流域天气预报:

一 新安江流域短期天气预报
今天晴到多云;明天多云;

二 富春江流域短期天气预报
今天晴到多云;明天多云;

三 乌溪江流域短期天气预报
今天晴到多云;明天多云;

四 紧水滩流域短期天气预报
今天、明天多云;

五 滩坑流域短期天气预报
今天、明天多云;

六 珊溪流域短期天气预报
今天、明天多云;

报送状态: 已回复
回复时间: 2011-10-08 20:05
回复内容: 同意该内容发布。

图 4.14 报送回复内容显示

信息实时交互功能是指工作人员登录业务平台后,其他工作人员就能看到其在线的工作状态,并可以通过实时交流区进行业务交流或给所有人发布相关信息公告,也可以单独发送给在线的其他人员。如果用户不在线,可以通过站内消息的方式给其他人发送相关信息。

信息发送的方式有两种,一是"站内信息发送",该方式只有接收人登录业务平台后才可以看到信息内容,另一种是"手机短信发送",选择该方式接收人可以直接通过手机接收到发送的信息内容。

4.1.6 共享平台

共享平台主要是各种气象服务产品的共享与展示,包括服务成品库的查询,方便查询各种服务产品,以及内网共享,主要是中心各科室各类信息的共享和展示。

4.1.7 发布平台

通过业务系统的操作,服务人员将服务产品发布到各个气象信息发布平台上,涵盖短信、声讯、网站等各种发布渠道的发布。对于网络而言,公众查看、获取气象信息,主要通过浙江天气网、浙江天气手机气象站、微博、微信、手机客户端以及气象商城等渠道。不同的信息发布平台针对的人群特征不同,自身特点也不同,结合各自的差异,服务产品的制作需要适合平台特色。下一节较详细地介绍基于网络的各个平台的特点,针对不同特点,气象服务的方式内容也有所不同,可帮助业务服务人员更好的掌握服务规范和技巧。

4.2 气象信息网络发布平台

目前浙江省一级通过网络发布气象信息的平台主要有浙江天气网、浙江手机气象站、微博、微信、手机客户端以及气象商城。

针对普通公众的平台如浙江天气网、微博、微信,信息全面,语言通俗;针对手机用户的如较早的手机气象站,以及随着技术发展推出的手机客户端,是互联网技术与气象不断融合的产物;倾向于为专业用户服务的平台,如气象商城,是国内较早地实现了小额网络支付的网络气象服务形式。

不同的平台因为针对的服务对象有所差别,使用的技术方式也有不同,平台自身也有鲜明的特点,因此网络服务人员必须把握各类平台的差异和特点,才能更好的依托不同的平台做好气象服务工作。

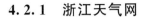

4.2.1 浙江天气网

浙江天气网于 2009 年在中国天气网统一平台下开始建设，2010 年底投入正式运行。它以"将浙江天气网建设成为浙江网民了解浙江气象的第一选择、第一权威和第一满意的网站"为建设目标，采用多链路接入和异地集群备份等技术，网站访问速度快、运行稳定。由于中国天气网的统一品牌以及浙江天气网的丰富产品和内容，浙江天气网用户关注度较高，特别在灾害性天气下，浙江天气网承担着主要的网络气象信息发布工作。浙江天气网是浙江省气象局面向公众发布权威预报预警信息、传播气象科技知识的核心门户，集成了浙江省气象局下属各业务部门最新的气象业务服务产品和及时丰富的气象资讯，已成为浙江气象网络气象服务对外的权威窗口。浙江天气网的上线运行将为各级政府和社会公众提供更加及时准确的气象预报、警报和预警提示；为政府决策，尤其是突发事件的应急响应提供快速、有效的通道；为各级政府组织好防灾、减灾和抗灾工作提供科技支撑；为社会各行业和社会公众的生产生活提供参考；为专业用户提供更加丰富的专业化气象服务产品。

4.2.1.1 栏目策划

在网站建设和网站制作中，栏目是贯穿整个网站的主线，网站内容之间的关联性和整合性也是由栏目组织在一起的，因此在网站设计的过程中，栏目的作用举足轻重。网站信息建设首要进行的工作就是栏目策划。网站栏目并非越多越好，应充分满足用户需求且具备用户应用方便性。

（1）栏目内容

浙江天气网服务内容涉及面广,且产品丰富多样,栏目设计可以将看似繁杂的气象服务产品有机整合到各子栏目中,便于公众快速获取信息。浙江天气网依据服务内容,设置了 11 个子栏目,分别为:首页、天气预报、天气预警、现在天气、气候变化、雷达卫星、台风天气、浙江防雷、行业气象、气象科普和气象影视。各栏目集纳展示对应的气象服务产品。依次如下:

首页:综合了气象新闻、天气实况、预报预警、行业气象、台风信息等主要气象服务产品。

天气预报:提供短时预报、短期预报、一周天气预报、百岛天气预报。

天气预警:提供全省气象灾害预警信号导读和实况。

现在天气:提供降水、温度、风力、能见度分布图及排名,全省天气实况。

气候变化:提供浙江省月(季)气候影响评价、年度气候公报、气候变化公报等。

雷达卫星:提供浙江基本反射率雷达拼图、卫星云图(风云2D,2E)等。

台风天气:提供台风实况路径及信息、各预报机构台风路径预报、台风警报单等。

浙江防雷:提供重大防雷过程监测公报、雷电监测年度公报、防雷服务等。

行业气象:提供农业气象、海洋预报、交通预报、旅游气象。

气象科普:提供各类常规性气象知识。

气象影视:提供浙江卫视、农情气象等天气预报视频,各类新闻聚焦视频。

(2)栏目策划规范

1)具有逻辑性

浙江天气网气象服务产品众多,栏目策划必须具备比较强的逻辑性,让整体网页显得井井有条,不仅能给用户浏览和快速定位感兴趣的内容带来极大的便利,更帮助用户准确了解了天气网提供的内容、服务和产品。

网站首页是一个网站的入口网页,起着让公众易于了解该网站并引导公众浏览网站其他部分内容的重要作用。浙江天气网在首页设计上以展示综合的重要信息为主。一般位于网页菜单栏前面的子栏目将先于其后的子栏目被浏览,因此子栏目按照用户需求度的高低进行从前向后的排序。老百姓每日最关心的莫过于最近天气怎么样(天气预报);有无突发灾害需要注意(天气预警),其次关注具体的气象要素信息,例如哪里最热、温度怎样等(现在天气),下雨的云团飘到哪儿了(雷达卫星);然后是每年都会影响浙江的台风的相关信息(台风天气)、针对各行各业的专项气象服务(行业气象)等。有了逻辑思路以及对用户需求的了解,浙江天气网栏目位置设置才得以认定。

浙江天气网各栏目将网站内大量气象服务产品紧密连接,有效筛选,然后将它们组成一个合理且容易理解的逻辑结构。这样的栏目安排主次分明,化复杂为简洁,便于公众对网站的理解应用。

2)注重信息表现形式

浙江天气网产品种类丰富,提供比同类网站更多的气象服务产品,而且形式多样。然而随着科技的不断发展,产品的不断完善,简单的图文形式已不能充分展示气象服务信息。于是出现了包含简单动画、复杂演示文稿等特殊效果的 Flash,随着 Flash MX 的推出发展而来的视频格式——FLV 流媒体格式,用来实现网页静态化页面的 JSP(JAVA SERVER PAGES)页面等,丰富了产品表现形式,提升了视听效果。

如以 Flash 形式展示的海洋天气预报、旅游景点气象预报等,以图片形式展示的浙江海区风力等级预报等,方便不同需求的公众获取气象信息。

再比如气象影视栏目,不仅提供浙江卫视、农情气象、天气向导的天气预报视频,还提供与天气有关的各类新闻聚焦视频,如灾害类"浙江湖州发布今年首个暴雪预警 早高峰遇上大雪纷飞"、科普类"雾霾——会呼吸的痛"、资讯类"雪映梅花花更艳 杭州赏梅正当时"等。同时,网站视频统一采用 FLV 播放格式,画面流畅且播放速度快。

不同表现形式的气象服务产品的有序结合使得网站各栏目生动形象、通俗易懂。丰富多彩的气象栏目提升网站价值,也给用户带来全新的体验,降低审美疲劳,提高满意度。

3)体现专业权威

浙江天气网属于省级气象网站,由浙江省气象服务中心建设而成。网站上的所有气象服务信息均来源于各级气象部门,专业权威。如浙江省气象台提供的全省天气预报、短时临近预报;浙江省气候中心提供的浙江省月(季)气候影响评价、年度气候公报、气候变化公报等多种气候产品。

首页天气要闻中的新闻稿则主要是由浙江省气象服务中心的网站采编人员制作完成。网站采编人员通过搜集气象部门、新闻

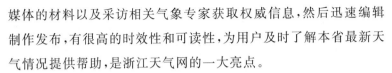

媒体的材料以及采访相关气象专家获取权威信息,然后迅速编辑制作发布,有很高的时效性和可读性,为用户及时了解本省最新天气情况提供帮助,是浙江天气网的一大亮点。

权威的信息来源,专业的气象服务可提高用户对网站的信任度,减少用户流失,从长远来说也是网站存在的根本,服务的宗旨。

4.2.1.2　市县整合

(1)网站整合目标及意义

为了完善和改进浙江省各地市近100多个气象网站,并统一网站风格,建立较为方便及规范的互相链接通道,我们对全省气象业务网站进行了整合。这不仅扩大了中国天气网和浙江天气网的影响力,也为打造一个浙江气象统一品牌,建设一个网民了解浙江气象的第一选择,第一权威和第一满意的网站起了不可忽视的作用。

(2)网站整合涉及内容

1)统一网站名称

省一级网站为"浙江天气网",市县一级网站为"＊＊天气网",如:台州市的天气网为"台州天气网",台州三门县的为"三门天气网"。

2)统一网站域名

市县天气网作为浙江天气网的子站,统一沿用浙江天气网的域名。市一级,以台州天气网为例,规范后的域名为 http://zj.weather.com.cn/taizhou_z/;县一级,以三门为例,规范后的域名为 http://zj.weather.com.cn/taizhou_z/sanmen/。

3）页面风格规范

市县天气网的网站头尾均由浙江天气网统一制定（如图4.15），头部包涵规范统一的"浙江气象"徽标以及当地天气网统一站名、各地市天气网网站链接，这样可以方便各市县天气网的互相访问，同时提高网站点击率。市县天气网的头部文件都是根据当地特色设计而成，菜单导航内容也是因地而异。

图 4.15　通用头部文件示例

尾部落款也都是统一设置（如图 4.16），内容包括客服热线、版权、联系方式、经营许可证等相关信息。

客户服务热线：400-6000-121
Copyright@台州市气象局
地址：台州市开发区白云山南路88号　电话：0576-88581028
制作维护：台州市气象局、台州市气象局网络中心

京ICP证010385号　增值电信业务经营许可证B2-20050053

图 4.16　通用尾部文件示例

在市县整合过程中，各市县天气网对现有网站满意的气象网站，无需重新建设但必须根据统一规范改进头尾结构，对现有网站不满意的市县，可以对现有网站进行重建。这样在整合网站统一风格时可以提高效率，减少成本，也有利于促进各市县网站的进步。

色彩的统一对于品牌的统一有画龙点睛的作用,因为用户眼睛所感受到的直观感觉最真实。浙江天气网和市县天气网以蓝色为基础色彩,因为蓝色稳重、冷静、客观,与天气网主题最符合,另外还有红色的突出感等。因此,网站风格遵循以下整体色彩规范,如图 4.17 所示。同时,网站所有页面基本颜色风格不超过 6 种(图 4.18)。

整体色彩规范

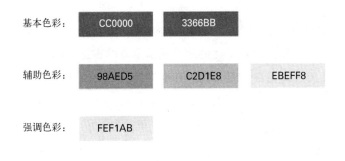

基本色彩： CC0000　3366BB

辅助色彩： 98AED5　C2D1E8　EBEFF8

强调色彩： FEF1AB

图 4.17　色彩规范

基本页面	互动社区	基本专题1	基本专题2	特殊专题	政治专题
3366BB	98AED5	C2D1E8	FFAA00	008800	CC0000

图 4.18　基本颜色

(3)网站内容规范

1)预警信息:各市县天气网在发布当地的预警时,都应在第一时间实现预警信号飘窗功能,并在主页固定和显要的位置显示预警信号。预警信息准确及时的显示对防灾减灾有举足轻重的作用。所以这一工作不容忽视。省级网站即浙江天气网显示的预警包涵省、市、县三级所有预警内容。市级网站显示的预警信息必须包涵其行政区划县的预警。县级网站只显示该县发布的预警信息。

2)网站均包涵"天气预报""天气实况"栏目的相关信息。其中实时的预报和实况信息,均图形化显示,市一级网站显示包括行政区划县的信息。县一级网站的预报和实况信息无地图模式显示,但格式都直观易懂。

3)卫星云图:各地市统一采用省级的卫星云图。

4)雷达图:建有雷达的地市,显示本市的雷达图,另外还要显示全省的雷达拼图。没有雷达的地市显示全省的雷达拼图。

5)市县天气网与中国天气网均存在链接。为提高中国天气网和市县天气网的整体性和粘合度,目前在中国天气网关于浙江省所有市县预报详情页的显要位置都有图片链接,如"更多天气详情"。点击该链接后用户可以访问整合后的当地的浙江天气网市县子站,同时各子站也设有返回中国天气网预报详情页的链接。如点击台州天气网的导航栏中"天气详情"栏就可以方便的链接到中国天气网,如图4.19所示。

图4.19 "天气详情"栏可链接到中国天气网

6)点击率:各市县天气网点击率的统计均会按照国家局、省级统计的点击率统计方式进行统计,有省级提供统一的点击率统计代码,各市县进行埋码统计点击率,并统一将点击率上报到省级。由此可见,市县整合的另一优点即提高点击率,增加用户浏览量,这对推广浙江天气网及其子站有着不可忽视的作用。

(4)网站整合建设

1)网站平台建设

第一阶段整合实施方案采用分散式建设布局,即各市县天气网建立在原有各自服务器上可沿用原来的软件开发平台和模式,按照整合内容建设完成后上报对应的服务器地址,由浙江天气网上报中国天气网从而匹配对应的访问域名。第一阶段将数据和技术平台统一整合到中国天气网平台。

2)网站内容整合建设

浙江天气网负责市县天气网总体整合规范的制定和下发,各市县根据要求对各自的天气网进行规范和调整,市一级整合由省气象服务中心负责指导,县一级整合由对应的市进行指导。浙江天气网提供预警、预报、实况、雷达、卫星等公共模块供市县级天气网调用,同时各地市也开发了各自的特色产品,如台州天气网的"历史上的今天"和"海洋预报"等(图4.20)。

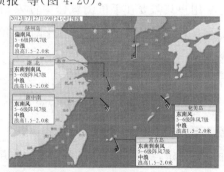

图4.20　台州天气网特色产品

3）信息统计汇总

各市县天气网信息监控由各自负责,省气象局减灾处不定期安排网站信息督察。浙江天气网负责对各网站点击率进行统计并汇总上报减灾处。

4）人员管理

为保证浙江天气网市县整合工作的顺利进行和整合后各市县天气网的维护与交流,各市县气象局和省气象服务中心安排了实施工作的分管领导和技术人员各一名。

4.2.2　浙江天气手机气象站

随着生活质量的提高,人们对天气越来越关注。加上近年来环境的人为破坏使得自然灾害频发,对生产生活产生了严重的影响,防灾减灾变得尤为重要。因此,人们迫切地需要更快捷更便利的获取气象信息的服务手段。

随着通讯手段的突飞猛进,手机技术也在不断发展,从最初只能接打电话、收发短信,过渡到了能安装运行各种客户端软件,快速浏览网页。开发手机 WAP 网站进行气象服务也是大势所趋。

用户只需要在手机浏览器中输入相应的域名即可实现访问,实时查看气象信息的变更。相比网 Web 站,WAP 网站的内容更直接,而且更方便、有效,不受地域环境、办公环境等各种条件的约束,开通手机 WAP 气象服务是当前网络气象服务不可或缺的一部分。

浙江气象手机气象站的数据采集、产品加工制作平台及系统监控等平台于 2012 年 6 月 5 日正式业务化运行,在近两年的使用过程中运行稳定,特别汛期过程中发挥的作用明显,在台风影响期间日均有上万用户访问,很好的补充了目前公共气象服务业务的需要。

4.2.2.1　"无线城市"浙江气象站

浙江移动"无线城市"是一个网络综合服务平台,该平台本身集成了教育、医疗、交通、旅游等各类信息,而且这些行业的信息又是由各自对应的信息提供方的平台提供。气象类信息作为浙江移动"无线城市"重要内容之一,浙江气象为"无线城市"平台提供实时的浙江 11 个城市当天预报,其他更详细的气象信息通过链接的形式由浙江气象站直接提供。

(1)与移动平台数据接口

与移动平台的数据交互主要涉及两方面,第一、浙江气象提供一个推送 11 个城市当天实时气象预报信息的 WebService 接口;第二、移动平台提供统一的用户登录认证接口,并根据用户的认证信息反馈用户的手机号码、号码所在地、用户实时的定位信息等。数据交互关系如图 4.21 所示。

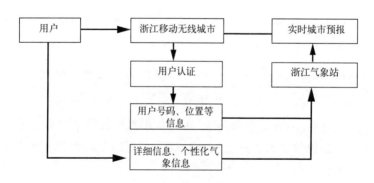

图 4.21　数据交互关系图

WebService 是可以进行跨语言、跨平台、分布式系统间整合的方案,就像是一条线将这些系统穿起来,因此还称为企业服务总线(ESB)。WebService 通过简单对象访问协议(SOAP)和 http 协议传输 xml 数据(xml 是最常用的,也有其他格式数据)来完成系统间的整合。在浙江气象站建立城市预报数据的 WebService 接口,并设定一定的访问权限提供给"无线城市"。提供的气象数据包括:日期、星期几、天气标示图、现在天气、气温、风向/风力,在"无线城市"各站点的 LOGO(商标)下显示本地市当天天气预报信息,并在该信息后提供"更多天气"链接到"浙江气象站",实现效果如图 4.22 所示。

图 4.22 无线城市气象信息显示

用户在"无线城市"注册后,"无线城市"系统就可自动识别用户的手机号码及所在地区,并通过嵌入用户的认证信息,采用远程调用"无线城市"系统的接口来获得用户的所在位置。目前获取用户位置从技术的角度来看,主要有三种方法:基于运营商基站的方法、高端智能手机 GPS 定位方法和利用 WIFI-WIMAX 接入点位置信息的方法。"无线城市"采用的是针对大多数用户的最为普适的通过基站的方法(即通过三个基站的位置来确定用户的位置)来获取用户的位置信息,这个方法通用性强于其他两种方法。

(2)浙江气象站系统架构

系统平台采用 B/S 结构 J2EE 技术开发,JAVA 技术的开放性、安全性和庞大的社会已有资源，以及其跨平台性，即"编写一次，到处运行"的特点。采用 JAVA 技术，可以建立完整、高效的无线数据增值服务产业链，从而为用户提供灵活、个性化、内容方式多样的服务；数据库采用大型关系数据库 ORACLE 10g，ORACLE 是以高级结构化查询语言（SQL）为基础的大型关系数据库，通俗地讲它是用方便逻辑管理的语言操纵大量有规律数据的集合，支持大访问量和大存储；服务器采用 RedHat Linux 5.0 系统，RedHat 作为全球企业最重要的 Linux 和开源技术提供商，RedHat Linux 具有稳定可靠的性能。系统功能包含：预警信息、前期气候、近期实况、天气预报、台风动态、生活气象等模块的热点应用。

硬件机构方面考虑业务化运行的稳定性，采用三层架构设计：第一是数据存储层和数据逻辑层；第二是业务逻辑层和 Web 应用层；第三是 Web 集群和数据安全层。数据储存层采用 SAN 存储结构，Web 集群和数据安全采用集群设备 F5 LTM 来实现，结构如图 4.23。

F5 LTM 是一个业界比较领先的服务器负载均衡设备，由 F5 公司生产，其官方名称叫做"本地流量管理器"，可以做 4～7 层负载均衡，具有负载均衡、应用交换、会话交换、状态监控、智能网络地址转换、通用持续性、响应错误处理、IPv6 网关、高级路由、智能端口镜像、SSL 加速、智能 http 压缩、TCP 优化、第 7 层速率整形、内容缓冲、内容转换、连接加速、高速缓存、Cookie 加密、选择性内容加密、应用攻击过滤、拒绝服务（DoS）攻击和 SYN Flood 保护、防火墙包过滤和包消毒等功能。

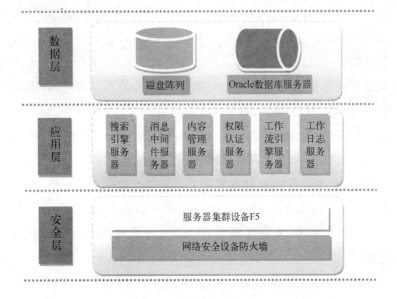

图 4.23　系统硬件结构图

（3）设计与实现

1）页面效果的统一

由于"无线城市"集成各个行业的运用比较繁多，页面风格迥异，页面跳转、返回功能方面各个应用实现方式均有不同，为了保持浙江气象站与浙江移动"无线城市"页面的统一性，提供了此接口，便于统一各运用的风格、跳转和返回功能，提升用户使用感知，增加用户黏性。

气象信息应用以资源形式展现在"无线城市"上，当用户访问点击一个应用时，门户跳转至应用页面，应用使用 URL Connection 方式向门户拉取指定的样式表和页眉、页脚文件，以达到展现效果的统一。

2)用户权限认证

用户通过访问"无线城市"登录后,点击访问更多气象,此时访问就从"无线城市"门户跳转至气象站的应用,并传递相关身份认证参数信息,然后通过浙江气象站服务器端嵌入"无线城市"用户验证脚本,来保持访问跳转时 Session 的延续。用户获取气象信息的流转如图 4.24 所示。

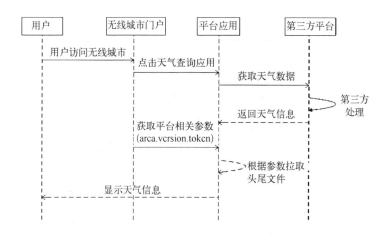

图 4.24 获取气象信息流转

3)定位信息获取

"无线城市"浙江气象站与其他 WAP 网站的不同点是,可以通过运营商提供的数据接口获取用户实时的经纬度信息,而此经纬度信息的获取不受用户手机机型的限制。浙江无线城市提供外网接口,合作伙伴通过 IP 地址进行访问。接口只允许指定的 IP 地址访问本接口。需要配置 IP 地址白名单,根据白名单判断是否对请求接口的 IP 地址做出响应。经纬度、开通定位服务查询参数如表 4.1 所示。

表 4.1　经纬度、开通定位服务查询参数

参数名称	参数标识	类型	是否必填	说明
合作类型	pid	String	是	合作方的 ID
接入类型	vt	String	是	1. WAP；2. 客户端；3. Web
产品类型	pt	String	是	1 定位；2 开通定位服务
IP	ip	String	是	用户访问 IP
登录标识	tok	String	是	用户手机登录标识

4）个性化气象服务

浙江气象站根据用户的定位可提供个性化的气象服务，如可实时获取该地域最精确的气象实况资料、气候背景资料、当地的气象预报、预警信息等。图 3.4 显示了用户如何获取经纬度信息并得到个性化气象服务的流程。

用户在"无线城市"浙江气象站可以通过查看"我附近位置的天气"，通过以上流程获取用户的经纬度信息并和浙江省 2000 多个带经纬度信息的自动站进行距离换算比较，计算出离用户最近 10 千米范围内的自动站，并根据自动站号从实时气象信息资料数据库检索出当前气象实况资料，如能见度、温度、风速风向、小时降水等资料，显示效果如图 4.25 所示。同样通过匹配的自动站号，可以检索气象历史资料数据库给用户提供该地区精确的气候背景资料，如年平均气温、降水等。

预报类气象信息和预警类信息，需要根据用户所在的地区名与气象数据库进行匹配检索，因此必须将用户的经纬度信息转换为所在县的地区名。利用 Google Maps JavaScript API 将经纬度

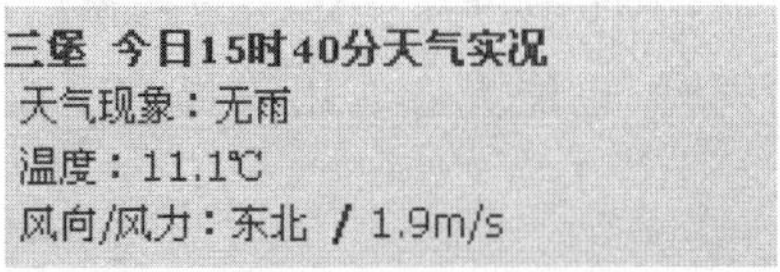

三堡　今日15时40分天气实况
天气现象：无雨
温度：11.1℃
风向/风力：东北 / 1.9m/s

图 4.25　定位实况信息显示

信息转换为地址信息。

有了地址信息如"绍兴上虞"后,通过预报数据库获得"绍兴上虞"未来五天天气预报以及实时的预警信息。通过与运营商合作获得用户的相关信息后,在"浙江气象站"上开辟了一种更人性化的气象服务。

随着三网融合的进一步推进,手机终端气象服务将成为一个新的发展方向。从运营商对"无线城市"的重视程度可以看出,大家对未来三网融合以及 4G 网络发展前景的看好,各行各业已经做出反应并迅速抢占各自的领地。"无线城市"浙江气象站的设计和开发为百姓提供了更人性化、更加贴近百姓生活的精细化、个性化的气象服务。借助手机定位信息在气象服务的内容和形式上都有较大突破。同时通过"无线城市"也很好地树立了浙江气象为民服务的一个品牌,提高浙江气象的服务水平,体现浙江气象的形象。如果得到广大用户的认可,将会有广阔的发展和运用空间,也能发挥巨大的社会和市场效益。

4.2.2.2　设计规范

浙江气象手机气象站的服务页面简洁明了,展示的产品在数量上有优势,产品功能的表现形式生动,页面上的功能模块丰富。除了天气预报、实况等常规气象服务产品外,手机气象站还包含了

一些诸如数值预报、水库水情等专业性的气象产品。向大众用户提供气象服务的同时，也能为专业用户提供专业的气象信息（图4.26）。

图 4.26　浙江气象手机气象站

浙江气象手机气象站界面分为三部分：首页顶部（天气预报查询）、主体产品模块展示区域、首页尾部（气象科普栏目）。浙江气象手机气象站依据手机的特性和从手机用户使用便捷的角度进行整体开发设计，体现了基于手机服务的特色。

（1）人性化设计，适宜手机体验

公众浏览 Web 网站时可随意点击进入或关闭各种栏目，操作方便。而当采用手机查看气象网站时，如果网站打开页面过多，首先容易让用户产生反感，再加上部分低端手机对多页面反应比较迟钝，用户体验会大打折扣。因此，在设计手机气象站时，在页面底部人性化地增加其他产品功能模块链接，一方面可以让用户知道对应同类产品情况，另一方面方便用户查看其他功能产品。为避免模式出现重复，目前同一类产品只展示一张功能模块链接列表页面。

（2）灾害天气预警醒目及时

气象灾害预警主要对一些有潜在灾害性的天气现象提前预警，以便相关单位和市民提前做好防范准备，减少不必要的损失。预警第一时间发布，范围包括全省预警及各地市县的预警。其在手机气象站的主体产品模块展示区域首位，如图 4.27 所示。

当有预警信息时，预警信息图标闪烁，动态效果醒目，容易引起用户注意。点击进入后可以看到各个市、县发布的预警信息，无预警信息时，图标下方显示"无预警信息"状态。

其中，气象灾害预警信号发布内容由名称、图标、标准和防御指南组成。目前各地预警信息已全部上传至中国气象局，可以实时提供，同时具备中英文标识。

首页 ＞预警信息

预警信息

瑞安气象局 发布 大雾黄色预

警 发布日期：2012-12-28 08时

苍南气象局 发布 大雾黄色预

警 发布日期：2012-12-28 06时

浙江省气象服务中心
Copyright © 2009-2015

图 4.27　预警信息列表展示

（3）关注台风信息，服务防灾减灾

浙江每年都会遭遇台风，主要集中于 7－10 月，其中 8 月最多。台风对浙江省的影响不可小觑。为了减小社会经济损失、人民生命伤亡数，手机气象站设置了台风动态栏目。该栏目主要在台风期间，提供台风的基本信息和路径，包含多路径同时显示，其主要的信息内容有：日本、中央台、省台的相关路径预报，实时的台风实况数据包括经度、维度、10 级风圈半径、移动数据、风力大小、台风等级等实况信息。同时，台风动态数据会根据台风影响程度，变换更新频次。

（4）及时关注天气 发布特色产品

2013年浙江出现持续雨雪冰冻天气，全省电力线路覆冰现象严重，春运交通更是受到很大影响，出现停运、滞留等现象，还有能源供应、通讯设施等多方面也不能幸免。针对这种特殊天气情况，浙江气象手机气象站增加了诸如积雪分布等特色产品（图4.28）。气象服务人员对天气的敏感和关注以及快速反应，让公众能够通过不同的特色产品第一时间了解相关气象信息，增加了手机气象站的实用性、权威性和丰富性，使其充满吸引力，提升公众体验满意度。

截止25日08时，全省积雪排名：

序号	站名	积雪深度(厘米)
1	宁波余姚	18
2	金华永康	06
3	丽水缙云	06
4	丽水丽水	05
5	宁波奉化	04
6	金华浦江	04
7	宁波石浦	04
8	金华义乌	03
9	金华武义	03
10	杭州淳安	03

图4.28 积雪分布特色产品

（5）展示通俗美观

手机气象站产品展示页面设计以通俗美观为原则，方便用户理解。文字精炼、简洁，图片清晰、美观，并配有色标卡对图进行解释说明。如天气预报栏目中,短期预报和一周天气预报分别展示未来 5～6 小时的全省各地区及沿海海面、森林火险等级等的预报信息和未来一周全省的天气走势,以文本展示为主。强天气预警等产品则是以色块图的形式展示,其中强天气预警采用等级图示来表述未来三小时的强天气状况。小时定量降水客观预报、短期降水预报分别是 0～3 小时、24 小时以上的降水预报图。

气象科普位于手机气象站首页尾部,内容包括气象热点、新闻以及气象知识的普及等,如"雾"和"霾"的区别、安装了避雷针并不能"万无一失"、台风防御三阶段……气象科普是气象服务的重要组成部分,利用手机气象站做好气象科普工作,能在更大范围内传递科普讯息。

4.2.3 微博

微博,即微博客,源自于英文单词 microblog,是一个基于用户关系的信息分享、传播以及获取的平台;是一种允许用户及时更新简短文本(通常少于 140 字),可以公开发布并实现即时分享的博客形式。作为一种新兴的传播载体,微博不仅在中国社交网络中占据领先地位,更成为中国最具影响力的主流媒体之一。

微博的出现为气象服务的进一步发展提供了契机,微博在信息传递上有着传统媒体不具备的优势,网友只要通过能够上网的手机、电脑,便可随时、随地登录微博,查看、发布信息,同样,登录当地气象局开通的微博即可获知当地的天气信息。通过微博,公众不但可以接收更加及时、更为精细化的实时天气信息,还能与气象部门及时互动。凭借快速发布、快捷分享的特点,微博已成为公共气象服务的手段之一。

4.2.3.1 浙江省微博气象服务管理

(1)微博管理团队的搭建

要办好气象微博,组织保障、制度保障必不可少,因此气象微博上线之前应该组建专业的管理团队,制定科学合理的管理机制,开发科学化的评估考核制度,为气象微博正常运营、发挥效用充当后盾。

气象微博的管理包括发布信息、回复评论、引导舆论、征求网民意见等多项工作内容,要想做好气象微博,应该设置专人专岗,负责微博的日常运营和维护。各级省市县气象微博管理团队的规模略有不同。以"@浙江天气"为例,其管理团队隶属于浙江省气象服务中心,在微博运行初期,共有 12 人参与微博的筹建和维护工作,12 人都是从各个基层岗位选调的人员,年龄为 24~35 岁,学历结构为本科以上文化程度。采取微博管理员 24 小时值班轮岗制度,保持微博平台 24 小时有人维护,管理不脱节。

明确气象微博已设专人专岗后,就当细化各人的职能分工,进一步完善信息收集、审核、发布,做好网友留言的甄别、分类、回复、交办等工作,真正发挥气象微博服务于民的功能。

气象微博管理工作应遵循统一规划、分级管理、资源共享、分工协作的原则。在微博管理小组中,主管领导要高度重视,亲自推动微博的开通运营;分管领导要尽快熟悉微博功能及业务,积极组织微博管理人员参加不同层次、不同内容的培训交流活动,迅速提高团队业务水平和工作能力;具体负责运营管理的人员要精通微博操作,熟悉微博实用技巧,学会利用微博创造性地开展工作。具体而言,身处一线的微博管理团队成员的工作职责包括以下几种:

1)内容发布

内容发布是气象微博管理团队的核心工作职责。气象微博内容建设是吸引"粉丝"关注、塑造气象部门形象的关键,内容的规划反映出气象微博的功能定位,代表微博管理的运营水准。因此气象部门开微博应该将内容编辑作为运营管理工作的重中之重。因工作内容各有侧重,内容编辑应该分为主编和责任编辑。

主编的工作职责:①建立健全微博信息发布安全领导机构和管理制度;②结合气象微博功能及不同时期的宣传重点,策划微博话题;③负责内容审核,确保微博内容严肃、真实、合法;④定期召开微博交流研讨会,组织团队成员学习;⑤审核重大敏感话题的微博回应内容,进一步申请上报。

责任编辑的工作职责:①根据微博栏目设置、选题规划,提前搜集内容;②规划、编排、撰写、发布微博日常内容;③实时审核微博内容,一旦有误及时更正;④撰写重大敏感性话题的微博回应内容应第一时间发布;⑤参与微博学习研讨会,提升气象微博的管理能力;⑥实时关注各类政务微博的发展新动向、新问题,改进本微博的内容质量。

内容编辑的素质能力要求:内容编辑主要负责管理发布内容,以及与"粉丝"互动等工作,是所有微博管理团队中付出最多,人员需求也最多的岗位。他们的表现直接决定了气象微博的展现水平,因此对其素质能力要求也最高。具体说来有以下几点:①熟悉网络语言表达风格;②较高的政治敏感度及服务意识;③敏锐的社会热点捕捉能力和快速反应能力;④扎实的文字驾驭表达能力和适度的幽默感;⑤适当的心理学知识,善于与网民互动;⑥与媒体打交道的能力,熟悉新媒体时代信息传播规律;⑦危机公关意识和协调能力。

2）活动策划

微博互动性强、号召力大，气象微博除了日常内容的发布与更新之外，还可以借助微博平台特有的优势，策划线下活动，拓宽微博内容的表现形式，创造与粉丝直接互动交流的机会。

活动策划的工作职责：①结合微博内容，策划活动主题；②配合内容编辑人员，线上推广微博活动；③负责微博的线下活动；④评估活动效果，总结经验。

3）形象设计

微博是一个可插入文字、图片、音频、视频等多种要素的多媒体，且相比文字信息，图片信息犹如气象微博的"门面"。因此管理团队的搭建，需要吸纳至少一名有美术设计特长的工作人员，负责微博的形象设计与维护。气象微博的形象设计岗位要求对各类图片具有一定的鉴赏能力，能够根据内容编辑的文字信息，设计最恰当的图片。

形象设计的工作职责：①设计微博头像；②准确把握微博内容，收集、设计微博发稿所需配图；③理解微博主题、话题，策划专属图片；④收集、拍摄、修饰气象微博内容发布所需的各类新闻图片；⑤建立图片库保证气象微博更新所需。

除了内容发布、活动策划、形象设计等工作职责外，要保证省市级气象微博的良好运营，还应该吸纳数据分析与评估等方面的专业人才，结合微博"粉丝"增长趋势、微博信息转发评论状况等指标，通过科学的计算和数据分析，进行统计分析，科学评估微博的整体发展态势，为气象微博的长期发展提供决策支持。

（2）气象微博的安全管理

信息安全是各级党政机关在可设微博时必须高度警戒的重要问题，党政机关及领导干部微博帐号遭遇"失窃"、"冒用"等事件在国内外均有发生。为此，我们建议气象微博从以下几方面着手，保证气象微博的信息安全。

1）帐号管理：要加强气象微博信息安全意识，建立健全规范微博帐号管理制度。一般情况只允许1～2人管理帐号密码，出现管理人员流动、调任、辞职等情况时，应及时修改密码。管理员要明确政务微博和个人微博的界限，在登录政务微博时不设定自动登录，不使用微博或离开电脑时及时退出登录，避免其他人的接触。

2）信息审核：为保证发布信息的真实可靠，应建立微博信息发布审批制度。由管理员负责发布信息及回复评论，主管领导监管。遇到重大问题或重要回复，应由管理员负责整理，上报相关负责人审定后发布。一旦监管者发现未经审批的信息发布在微博上，应立即核实帐号安全。

3）考核机制：要建立完善的政务微博管理员考核评比机制，定期对微博的信息安全进行检查，及时发现安全漏洞与隐患，防患于未然。同时对管理团队的工作进行考评，依据考评标准进行相应的奖惩。

4）与运营商协作：气象微博的开通、运行时在新浪、腾讯等外部平台上进行的，平台的建设、运行、管理和维护也是由这些公司独立负责。因此，要维护气象微博的稳定性和安全性，就必须加强与微博运营商的协作，共同防范风险。

5）取缔冒名帐号：微博上经常出现一些未经认证、看似党政机关或公职人员的"冒名"帐号。这些"冒牌货"的存在，极易对网民

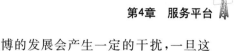

产生误导和蒙骗,对于气象微博的发展会产生一定的干扰,一旦这些帐号发布谣言和不当信息,对于该帐号所指向的党政机关或公职人员而言都可能造成严重的名誉和形象损害。因此,一旦发现此类"冒名"帐号的存在,应当立即联系运营商,及时予以取缔。

4.2.3.2 浙江省微博气象服务规范

(1)气象微博的命名

气象微博的命名很大程度上将决定网民对气象微博性质和功能的认知,对建立气象微博品牌具有关键性的意义。对于气象微博来讲,一个出色的名称能够给网民留下深刻的印象、拉近与网民之间的距离,对增强气象部门的网络亲和力起到十分积极地作用。

目前,有一些气象微博存在名称不规范的问题。这类名称不便于识别,其真实性、权威性、严肃性都会受到影响。模糊、随意的命名也不利于气象微博的推广和宣传,不便于网民查询和搜索,降低了为民服务的效率。

气象微博如何命名? 总体来讲,简单、明了、直观地命名方式比较适合气象微博,避免使用文学色彩过浓的修辞,或使用过分夸张的网络语言。可以参考以下形式:"@浙江天气"、"@苏州气象"等。

为气象微博命名的时候,除了要注意简洁、直接、有特色,以追求品牌效应,也要注意语境是否合适,表达的内容是否有歧义。在微博上线之初,微博管理者要关注网友的反应,及时对名称做出调整,为塑造良好的气象微博品牌打下基础。

除名称外,个性化域名的设定也十分重要。微博的个性化域名,是微博注册之后对初始化 ID 域名的个性化修改和确认。每一个微博对应一个域名,具有唯一性。微博系统默认的域名是数字组合的形式,用户可以对默认域名进行修改,以彰显自我特色。气象微博可将其职能及所在地域等作为个性化域名,以便于记忆识别。

(2)气象微博视觉识别系统的建立

除了命名,建立一个出色、规范的视觉识别系统也是气象微博品牌建设的重要内容。视觉识别系统(Vision identity system,简称 VI 或 VIS)原本是企业管理领域的概念,指企业通过标志、标准字、标准色、应用要素等视觉上的规范化设计,来呈现企业形象,展示企业文化,突出企业个性,提高员工和消费者的认同感。其实这一概念对所有希望建立和提示品牌形象的机构来讲,都是适合的。气象微博也可以通过头像、背景、标志等视觉元素的整体规划和设计,向网友传递情感和文化,深化网友对气象微博的认知,为进一步积极地沟通打下良好的基础。

1)头像的设定

头像是展示微博形象的重要元素,设置个性化的头像能令网友感到亲切,从而增进气象微博对"粉丝"的吸引力。地方气象微博的头像,应选取辨识度高、有代表性的官方 LOGO 或是用地方标志性建筑物等,风格以端庄大气为主,切记夸张。注意不要使用不相干的人物、动物等图片作为头像,同时也要避免头像缺失。

2)背景模板的设置

微博的背景模板,是指微博首页两侧边栏及上端空白处的图片。新浪微博提供了若干种共享的背景模板,用户可以通过微博首页进入"模板"页面进行设定。不过,对于气象微博来讲,宜多采用个性化的背景模板而非简单的共享模板。这是因为出色的个性

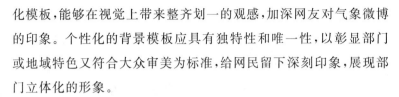

化模板,能够在视觉上带来整齐划一的观感,加深网友对气象微博的印象。个性化的背景模板应具有独特性和唯一性,以彰显部门或地域特色又符合大众审美为标准,给网民留下深刻印象,展现部门立体化的形象。

(3)内容的规划

有了响亮的名称,有了出色的视觉设计,气象微博在品牌建设方面已经有了不错的基础。但在内容规划和建设方面,气象微博还需要花很大功夫,以确保建立丰满的品牌形象,进而充分发挥气象微博的功能,从整体上塑造气象部门的网络公信力。

气象微博所要发布的内容,应该在微博上线之前就有详尽、具体的规划,并在上线之后通过收集网民意见、学习同行业先进经验等手段不断进行更新和完善。总体来讲,要求微博内容在重点突出的同时尽量细致与周全,能设置网民感兴趣的话题,以网民喜闻乐见的方式来呈现信息,争取做到以气象微博为载体,真实地传达气象部门为人民服务的热忱。

在确定微博的定位和发布内容的范围之后,还要为气象微博信息发布设定栏目。有了不同栏目的标示,气象微博的信息发布显得更规范、更有条理,也方便网民更快的找到某一类信息。栏目的编排可以用新浪微博提供的"话题"功能来实现,即在栏目文字前后加上符号"♯"以与正文内容区分。除了使用栏目来提示和规整气象微博的内容,还可以在信息发布的时候使用标识符号突出标题,将一条140字的新闻变得层次分明,增大信息量。

4.2.4　微信

随着经济全球化、科学技术日新化、信息网络化,3G,4G 时代已经到来,智能手机也从高端市场走向了大众普及,继网站、微博之后,微信这一新兴社交媒体越来越受到人们的青睐,使用人群在不断增加。微信作为一种新兴的掌上交互软件,其便捷、快速的信息接收和传播方式的多元化正悄无声息地改变着人们的生活。

微信是由腾讯公司推出的一款通过网络快速发送语音短信、视频、图片和文字,支持多人群聊的手机软件。该软件支持多平台,是旨在促进人与人沟通交流的移动即时通讯。2011 年 1 月 21 日,微信正式推出,具有零资费、跨平台、拍照发给好友、发手机图片、移动即时通信等功能。用户可以通过微信与好友进行形式上更加丰富的类似于短信、彩信等方式的联系。微信提供公众平台、朋友圈、消息推送等功能,用户还可以通过摇一摇、搜索号码、附近的人、扫二维码方式添加好友和关注公众平台,同时微信可将内容分享给好友以及将用户看到的精彩内容分享到微信朋友圈。自 2011 年年初,微信进入大众视野至今,短短三年的迅猛发展,截至 2013 年 10 月,微信用户已经突破 6 亿人,每日活跃用户 1 亿。随着智能手机的高速增加,微信的继续增长势不可挡。

现在不管走到哪都能看到智能手机的身影,智能手机的出现,加速了移动终端的进程。而微信作为一款手机软件与个人信息紧密相关,新媒体的智能手机能够随时随地上网,这是 PC 所做不到的,而微信公众平台相比于其他网络平台在传播方面也具有明显的优势。此外,微信通过社会化传播功能,可以实现用户在线报警、求助、咨询、问询、投诉等功能,便民功能显著。

由于微信是目前最受网民喜欢,也最为活跃的新型网络媒体。气象部门通过建立微信公众平台,与"公众"之间搭建桥梁,提供更便捷、更优质的气象服务。同时,借助微信公众平台的关键字回复功能让网络气象服务"秒回"成为可能,只要在后台数据库做好相应设置,官方气象微信能根据用户提问的关键字自动回复。未能自动回复的内容,管理员可以进行一对一的人工回应。因此,微信公众平台多元化的气象服务,让公众与气象部门的交流多了一个互动平台,充分发挥了"微气象"在城市防灾减灾中的积极作用,进一步扩大了气象部门的影响力。

微信用户只要搜索公众号"浙江气象"、"浙江天气"或直接扫描二维码进行关注,便能每天收到气象服务中心发来的一条图文信息,其内容涵盖浙江天气实况、趋势预报、最新天气资讯及近期天气生活提示等等。借助微信的互动功能,公众还可发送语音、文字、图片等内容给气象部门,在线咨询最关心的天气、气象科普问题等,气象专家及时为大家答疑解惑,并积极了解公众需求,进一步丰富和完善微信服务内容。

4.2.5 气象商城

4.2.5.1 平台简介

网站运营是气象服务的需要,也是一种战略投资,它能以最小的投入换取最大的回报,提高工作效率、节约运营成本,从而成为气象科技服务发展的工具和网络展示平台。通过网站可以展示公共气象服务产品和特色服务,从而扩大气象科技服务宣传力度。通过开通网上在线气象业务,接受客户网上订制气象短信、传真或邮件,寻求气象服务的新途径,大力推广网络式气象信息查询服务。同时,通过网站收集专业客户各种反馈信息,提高服务质量和树立气象服务形象对气象科技的发展也是非常必要的。随着公众对网络的依赖程度不断提升以及对气象信息的精细化和个性化需

求提高,网络气象服务的良好前景将会越来越快地得到体现。

浙江天气网气象商城将利用各种通信手段为用户提供主动式服务,是目前浙江天气网公共服务版的补充和一种服务延伸。同时根据气象产品种类和主动式气象服务的服务成本向用户收取一定的运营成本费。根据浙江省公共气象服务白皮书的要求,向公共承诺在公共类气象服务的产品专业版上收取的服务费用为基本的网络运营成本费,同时根据部分行业和专业用户需要提供的服务产品将额外收取一定的产品定制费和网络运营成本费。

根据提供的气象服务产品种类和用户服务不同的需求方向,浙江天气网气象商城将主要面对的是对部分气象服务相对比较关注的用户群体(如种、养殖户),以及对专业气象服务有需求的行业用户(如大桥建设的相关短临气象服务需求)。

浙江天气网气象商城根据用户不同服务需求模式,开辟三种类型的气象服务:一种是提供当前天气实况,或者短时短期预报等文本类、或者中长期 doc 文档类以及相关雷达、卫星云图等图片产品,该类服务主要采用传真、邮件、短信方式主动定时推送给用户,只收取用户订制期内的网络运营成本费;第二种是提供在线的气象信息查询服务,如 72 小时精细化预报、8 天天气预报等;第三种是根据用户需要特别定制的行业专业气象服务,该类型的服务采用书面合同的形式签订,类似传统的专业气象服务,服务模式采用定制式网页形式。后两种服务方式,提供的服务内容比较丰富,不便于信息传输,用户需登录气象商城网站方能查看。

4.2.5.2 多种产品订购方式

浙江天气网气象商城提供了一个在线订制气象服务的网络平台,系统支持用户随时订制、随时支付、随时开通服务。目前在国内尚属首家。用户可以根据自己所需在网站上订制自己感兴趣的产品,并在选定服务手段和相应时间段后,通过支付宝在线完成产品支付,系统在确认订单后自动开通用户订制产品的服务功能。用户可以随时登录网站查看自己订制的产品信息,对于自动发送的产品,系统会根据其更新频次自动发送产品信息到用户指定的目标通信终端上。在这里,支付宝功能扮演了一个主要的角色,以下对其功能和相关接入方式做一个简单的介绍。

要实现浙江天气网气象商城的支付宝网上支付功能,需要先注册一个经过认证的支付宝账号并与公司银行帐户绑定。设计气象商城的用户订制接口,并与支付宝公司提供的支付接口实现对接,实现用户提交订单付款后可即时获取订制的气象信息。

(1)气象商城接口设计

浙江天气网气象商城系统平台采用 B/S 结构 J2EE 技术开发,使用的 JAVA 技术具有开放性、安全性和跨平台性,且拥有庞大的社会已有资源。数据库采用大型关系数据库 ORACLE10g,ORACLE 是以高级结构化查询语言(SQL)为基础的大型关系数据库,通俗地讲它是用方便逻辑管理的语言操纵大量有规律的数据的集合,支持大访问量和大存储,满足气象数据大数据量的需求。服务器采用 RedHat Linux 5.0 系统,RedHat Linux 具有稳定可靠的性能。气象商城利用浙江天气网现有服务产品和专业行业气象服务相关服务产品,通过手机短信、传真、邮件、网页查询以及个性化网页定制等服务手段为用户提供主动式、个性化气象信息服务。气象商城与收费流程相关的数据模块包括了:用户注册模块、产品订制模块、产品列表及发送模块。用户注册支付获取气象信息的流程如图 4.29 所示。

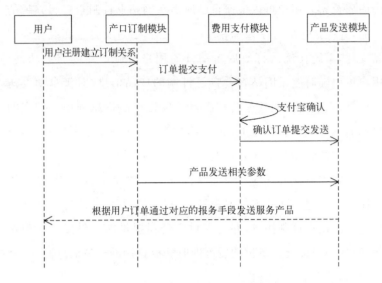

图 4.29 产品订制发送流程图

(2)支付宝平台数据接口

通过与支付宝的二次开发接口实现气象商城和支付宝间建立数据交互,流程如图 4.30 所示。①构造请求数据,气象商城根据支付宝提供的接口规则,通过程序生成得到签名结果及要传输给支付宝的数据集合;②发送请求数据,把构造完成的数据集合,通过页面链接跳转或表单提交的方式传递给支付宝;③支付宝对请求数据进行处理,支付宝得到这些集合后,会先进行安全校验等验证,一系列验证通过后便会处理这次发送过来的数据请求;④返回处理的结果数据,对于处理完成的交易,支付宝会根据参数"notify_url"的设置主动发起通知;⑤对获取的返回结果数据进行处理,即时到账交易接口商户在同步通知处理页面(参数"return_url"指定页面文件)进行订单成功提交处理。

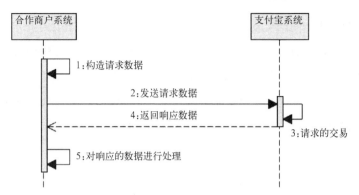

图 4.30 气象商城—支付宝数据请求交互模式

如果气象商城发送请求的数据不符合规则,存在安全验证等方面的问题,提交支付宝系统的验证页面后会有实时的错误代码返回,此时即可反应出相应的出错原因。

在支付宝系统支付成功后向气象商城返回响应数据的过程中需要和气象商城进行信息的二次确认,即通过异步调用配置参数"notify_url"指向的页面,该页面程序执行完后必须打印输出"success"(不包含引号)。如果气象商城反馈给支付宝的字符不是"success"这 7 个字符,说明用户支付后产品订单未确认成功,支付宝服务器会不断重发通知,直到超过 24 小时 22 分钟,一般情况下,25 小时以内完成 8 次通知(通知的间隔频次一般是:2 分钟,10 分钟,10 分钟,1 小时,2 小时,6 小时,15 小时)。超过该时限后支付宝会自动将该订单的款单自动退还给用户,确保支付交易的完整性。

随着公众对专业化、精细化、个性化气象信息需求的不断增大,提供利用第三方支付平台建立小额支付气象服务平台非常有必要,而且在电子商务迅速发展、网购习惯已走入千家万户的今天,推出该平台也是非常合时宜的。支付宝不但在前端为公众提供了简单、安全、快捷的网上支付途径,同时在后台的技术支撑上为商户提供了强有力的保障。目前浙江天气网气象商城暂时只提供网站式的气象订制服务,随着智能手机的迅速普及,智能终端气象服务产品订制及支付功能的开发也迫在眉睫,如何利用公众便捷的手段订制及获取气象信息是浙江天气网气象商城发展和努力的方向。

4.2.5.3 天气网气象商城上线服务

(1)上线后用户反馈处理

浙江天气网气象商城上线后,开通了气象服务热线接收用户的建议和意见等,同时对用户的反馈信息进行分类分析,对不同类的反馈信息将制定合理的应对措施,在经过一定时间的用户交互后,以期提供更优质的气象服务。另外也将根据一定量的用户反馈信息提炼各种气象服务需求,以开发更多面向市场需求的服务产品。

(2)上线以后的宣传推广

1)通过影视节目,包括影视落地插播、卫视节目广告等多种方式;

2)通过相关报纸的气象专版或相关通讯类文章进行宣传;

3)通过手机短信进行宣传;

4)通过天气网、政务外网、地市气象网站进行宣传。

4.2.6 手机客户端

手机客户端就是可以在手机终端运行的软件,也是3G产业中具有重要意义的发展项目。应用在智能手机上的手机客户端扼守着移动互联网的第一入口,可以说是企业抢占行业先机以及用户体验移动互联生活的双赢举措。

天气信息瞬息万变,并且与社会公众生产生活产生了越来越紧密的联系,有效利用手机客户端做好气象服务,是随着智能手机和网络科技的发展而带来的新的课题。

随着生活水平的提高,老百姓出行及社会活动日益频繁,同时对天气变化也越来越关注。因此,近年来气象手机 APP 应用软件开始备受用户青睐,国内的如:"墨迹天气"、新浪的"天气通"、中国气象局的"中国天气通"、气象爱好者开发的"彩云天气";国外的如:YAHOO 的"天气"等。以上软件大部分以 UI 设计美观、新颖来取悦用户,对用户提供的主要是中国气象局发布的 7 天城镇预报及生活指数数据。也有部分气象软件已经开始为用户提供个性化的服务,如气象爱好者开发的"彩云天气",通过对最新雷达数据分析为用户提供所在位置及周边的降水预报,备受用户欢迎。随着气象用户群体的不断细分,用户不仅限于需要了解普通的 7 天天气预报,对精细化、个性化的需求将越来越旺盛。

浙江省气象局推出了"智慧气象"手机客户端软件,完全颠覆了现有手机客户端天气软件的设计理念,让用户能充分的享受气象科技进步的成果,让气象服务实现智慧化。

4.2.6.1　系统设计

系统的设计实现,主要分以下几个部分:①数据加工处理,站点数据的网格化,并将网格化数据进行二进制转换;②数据的传输,将加工好的数据上传前端服务器,在后台服务器建立远程调用接口,以便前端应用服务器调用;③手机应用软件的开发,基于IOS 和 Android 系统进行开发实现。下面重点介绍界面及手机客户端软件架构设计。

(1)界面设计

天气预报制作在一般人看来是一个复杂的高科技过程,如何

让用户通过"I预报"的简单操作了解天气预报制作过程并快速获
得相关位置的预报信息,是"智慧气象"软件界面程序设计的关键。
图 4.31 展现了"I预报"的用户自主制作天气预报过程,头部的"自
动站""雷达""降水图""天气图""分享"按钮直观的告诉用户预报
制作的过程。界面右下角的卡通小人,在每一步操作过程中通过
对话框对下一步的操作进行引导和提醒。

初始引导界面

自动站数据调用界面

雷达实况调用界面

降水预报调用界面

制作结果显示分享界面

图 4.31　"智慧气象"手机客户端几个主要界面的设计

（2）软件架构设计

软件的整体架构设计分 4 层：底层是数据层，通过数据层实时获取各类实况、预报等基础数据；数据层的上一层是处理层，对获取的基础数据进行网格化、二进制处理，并进行数据挖掘和分析；再上一层就是应用层，根据用户的使用习惯及体验等考虑，通过软件操作界面来调取天气预报及相关的监测实况结果；最上面一层是用户层，通过接入各种第三方的应用接口，方便用户自主选择将提取的结果进行应用和分享。见图 4.32。

图 4.32　软件架构图

在"I 预报"的业务流程设计上，围绕天气预报的制作过程，结合个性化的需求返回天气预报制作的结果。用户使用时需要先选定所要制作的天气预报的位置，可以是默认的手机定位位置也可以是在地图上点击任意位置（浙江省范围内），选择完成后可通过高德地图放大显示确认；下一步给需要的用户调阅后台数据服务器处理好的实时温度、降水、气压、风、环境等实况数据，点击具体要素显示该要素的等值线色块图来展现周边的实况；实况察看后的下一步是雷达数据的调阅,后台数据服务器已将浙江省内及周边的雷达数据进行拼接,可为用户提供全省范围的雷达反射率拼图,具备较为专业气象知识的用户可通过该功能了解未来的降水、降雪等相关情况;针对普通用户,系统将在下一步直接给出未来24 小时的降水预报结果,即"降水图",让用户直观的获知未来是否会有降水;最后一步,显示未来 24 小时的天气现象及具体各要素的天气预报列表,供用户查看。在以上的每个制作过程中用户都可提取需要的制作中间结果,并结合最后的预报结果一起进行分享。详尽的"I 预报"业务流程如图 4.33 所示。

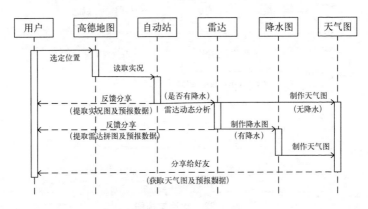

图 4.33 "I 预报"业务流程时序图

4.2.6.2 系统功能实现

系统功能的实现,分以下几个部分:①数据加工处理,站点数据的网格化,对网格化数据进行等值线色块图加工;②数据的传输,将加工好的数据上传前端服务器,在后台服务器建立远程调用接口,方便前端应用服务器调用相关格点化数据;③手机应用软件的开发,基于 IOS 和 Android 手机操作系统进行客户端软件开发实现。其网络架构如图 4.34 所示。

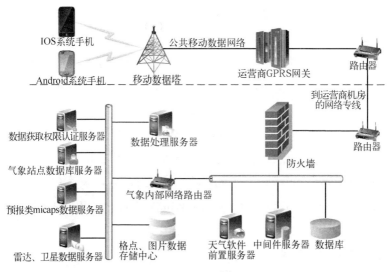

图 4.34　系统网络架构图

基础数据的加工处理：气象站点数据是离散的数据 X，Y，Z，即知道（x，y）点的函数值 z，X，Y 中的数据是乱序不等距的坐标，要将该数据处理成直观的等值线色块图表现形式，为达到较好的处理效果采用 Matlab 软件实现。先将离散点数据转化为适合 contour 的网格数据，网格中非已知点的值可以用插值方法增加，输出浙江省范围内的各气象要素网格化数据文件。等值线色块图实现用两个函数，一个是 imagesc（data），另一个是 contour，在图形修饰上用以下函数：%［c，h］＝contourf（z）（颜色填充）；%hlabel ＝clabel（c，h）（表示图中线条上所标值的个数）；%hclrbar＝colorbar（显示颜色筐）；% set（hclrbar，′fontsize′，20）（颜色筐的大小）；%set（gca，′fontsize′，20）（坐标系数的字体大小）。

数据接口开发：后台数据处理完成后为方便前置服务器调用，

需要建立 FTP、WebService 数据获取接口。FTP 接口主要满足大批量图片数据传输和调用,WebService 接口实现所在位置各气象要素的值。前端服务器发送一个带有经纬度和时间信息的请求到 WebService 接口,后台数据服务器接收该请求后根据经纬度值和数据时次,提取网格化数据文件对应的所在位置格点值返回给前端服务器,接口格式如 http://192.168.0.55/skgedian/skgedian. jsp? jd = 119.920000&wd = 28.4500000&CTime = 201401091300,返回给前端服务器结果{"CAQI":"46","CPM25":"30","CRain":"0","CSurTemp":"14","CTemp":"8","CTime":"201401091300","CVis":"12014","CWindVol":"4","CWindVolDj":"3 级"}。

手机应用软件涉及 IOS 和 Android 两种系统。IOS 软件开发采用 Objective－C 编程语言,开发平台为 Xcode。Android 软件开发,由于 Android 系统的内核为 Linux,Android 的应用程序以JAVA 数据库元为基础编写,运行程序时,应用程式的代码会被即时转变为 Dalvik dex－code,然后 Android 操作系统通过使用即时编译的 Dalvik 虚拟机来将其运行。

4.2.6.3　用户体验设计

就用户体验而言,在信息发布的形式方面,气象服务不采用移动短消息形式发布,采用服务端 WAP 或者 Web 网站作为服务载体。网站内可以实现浏览、查询、推荐导读和订阅服务。用户可以自主浏览,也可以订阅信息,对于订阅信息的用户采用 WAP PUSH 链接推送的形式发布网络地址链接,用户通过点击链接进入相关的主题,可以获得尽可能全面详细的信息,用户可以根据需求选择感兴趣的内容浏览。

(1)基于3G技术的气象服务模型设计

目前3G网络理论速率已能达到3.6 Mbps,实际速率平均大于300 Kbps,完全能够满足气象信息中声音、图像、视频信息的高速传输,而随着通信和网络技术的发展,网络速率还会提高,因而利用3G网络作为载体,气象信息服务将进入一个新型服务模式。基于3G网络可以提供更多的气象服务产品,例如:多参数天气预报、气象卫星云图、视频点播、实时气象查询、专家互动、气象历史数据查询、统计特征、气象预警等全面的气象服务。

(2)气象服务内容设计

在发布的内容方面,网站气象服务可设的主要内容有:文本信息、图像数据、视频数据、信息查询服务四大类。

1)文本信息:文本信息是气象服务中最基本的元素。如全市天气、全省主要城市天气预报、景点天气预报、全国各城市天气预报、三小时天气预报、一周天气预报、一旬天气预报、城市指数预报、天气公告、气象知识等。

2)图像数据:能显示静态和动态卫星云图、雷达、台风路径图。

3)视频数据:互动视频是3G手机特色的体现,因而在3G手机平台上开发各类气象节目视频产品是一个新的方向。从服务角度来看,也可以说是一个新的增长点,那么,视频产品开发方面可根据公众的需求设立视频内容,如趋势预报分析、各种生活指数预报、天气实况信息、海洋风力预报信息、气象科普、重大天气直播等。

4)信息查询:该类服务为用户提供查询天气实况、雨情信息、历史数据等信息,通过实时查询和条件查询对一些站点气温实况、雨量实况、时段雨量、日雨量、降水量等进行查询。

（3）设计规范

1）体现精细化、权威性

气象最新科研成果，与网络技术的结合，开发具有一定权威性的手机客户端。省内所有数据均可实现 1×1 千米的网格化数据，同时实况数据和 24 小时逐小时预报数据实现每 10 分钟更新一次，精细化程度不断提升。

2）"贴身"服务

"智慧气象"手机客户端利用 LBS 定位技术，实时定位用户所在的位置，并提供相应的气象信息，实现"贴身"气象服务。

在交通模块中，用户可根据需要，输入行车路线，"智慧气象"将智能化地为用户提供沿线天气实况，当有影响天气发生时，还将实时播报灾害等级和服务提醒。

如目前"智慧气象"的"交通气象"模块中接入了高速公路易结冰路段的计算功能，通过对气象要素的计算可得到高速公路上哪些路段属于易结冰路段，并通过图标实时显示在地图上以提醒驾驶者小心驾驶或重新选择行驶线路。

由此延伸开，下一步利用手机客户端还可以实现各类信息的接入，通过最新技术的使用，以及对用户体验的了解和剖析，充分挖掘手机客户端"身边的气象台"的功能，实现移动互联大发展背景下的气象服务新发展。

3）灾害性天气实时提醒

在新的科技驱动之下，"智慧气象"作为公众服务和决策服务的重要手段之一，同样承担了防灾减灾的重要使命。设计人员对于客户端灾害性天气提醒功能是重点考虑的工作之一。在首页显著位置会同步显示灾害预警，首页卡通人物也会适时提醒注意防范灾害影响,同时在"我的气象台"和"交通气象"模块下,也特别设计了根据行程线路实时播报天气影响的提示语音。在特别重大的气象灾害影响或气象灾害情况下,会通过手机自动推送功能发送短信到用户手中,让无缝隙的防灾减灾提醒保障公众生产生活顺利开展。

4)模块化设计

目前,"智慧气象"实现分模块下载使用设计,包括"我的气象台"模块、"交通气象"模块、"台风"模块以及"I预报"模块。分模块设计解决了单软件包耗费流量过大、占有空间过大、速度过慢等问题,同时给予用户自主选择安装的权力,用户使用效果更佳,同时便于后续开发扩展。

4.2.6.4　气象证明系统

气象证明是由气象部门出具的,在特定的时间、地点,发生了诸如暴雨、洪涝、雷击、大风、雷雨、冰雹、大雾等天气现象的实况证明。在由恶劣天气造成损失需保险理赔、事故鉴定、司法取证等情况时,就需要气象部门开具气象证明。在这之前,用户申请气象证明有两条途径:一是申请者本人直接到当地气象部门填写申请单;二是前往当地行政审批气象窗口提出申请。这两种途径对于用户来说都只能在当地申请,当地领取,因此会给异地申请者带来一定的困扰。而且在提交申请之后,申请者既不知道具体的审批流程是怎样的,也不能方便快捷地知晓实际审批的进展情况。

随着信息技术的快速发展,目前绝大多数用户都已经熟练地掌握了基本的电脑操作技能,由此推出网上气象证明申请系统,也是顺应信息时代发展潮流。开通网上气象证明申请系统,用户不仅可以随时随地在网上提交气象证明申请,而且可以根据实际情况选择省内事发地点提交申请,并选择就近取件地申领气象证明,对异地申领的用户来说非常方便。同时申请人在提交申请单之后,用户可以根据收到的受理号实时查看申请单的受理进度,并根据系统上提供的工作人员联系方式,询问相关信息。在受理完成后,系统会自动发送短信提醒用户前往就近行政审批气象窗口领取气象证明,并附上详细的地址和联系方式。

网上气象证明系统是市民申请气象证明的又一条途径,给用户带来了极大的便利,也提高了气象为民服务的工作效率。该系统基于 JAVA 平台开发,现将系统相关功能框架及其应用介绍如下。

网上气象证明系统从用户提交申请到用户取件完成的整个流程出发,将整个系统划分成 4 个功能模块,分别为:用户在输入提交气象证明时所需的信息监测系统和用户帮助系统,以及在相应的申请信息提交之后的气象证明受理系统和对整个流程进行监控提醒的业务流程监控系统。如图 4.35 所示。

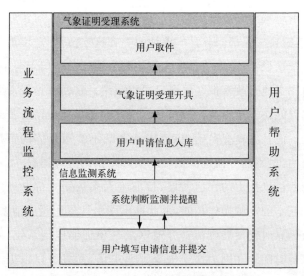

图 4.35　网络气象审批系统功能框架

（1）信息监测系统

该功能模块一方面主要用于用户在输入提交气象证明相关信息时，对用户输入的信息是否合乎规则进行判断，并给予友好提示，规范主要信息（包括手机号码、身份证号码等重要信息的格式规范，是否有重要信息漏填等），避免用户输入不符合要求的内容，从而保证气象证明正常申请开具的周期；另一方面，系统会对用户操作的行为信息进行记录，对恶意提交次数过多的用户进行限制，避免一些无聊的用户无限次提交申请，造成资源浪费，打乱工作人员正常的工作流程，甚至延长了真正需要气象证明的用户的等待时间。

（2）用户帮助系统

网上气象证明系统整体界面设计简洁，用户一般都能正常的完成操作。为让用户能无障碍、快速地填写提交气象证明，用户帮助系统模块提供了一份"填写说明"，用于初次使用网上气象证明系统时，不熟悉操作流程的用户使用；同时也提供了 400 客服电话方便申请者随时拨打咨询。

此外，系统还开通了气象证明信息查看及申请内容修改的功能，用户在提交气象证明申请单之后，系统会自动发送一个受理号给用户，用户可以根据该受理号来查看已提交的气象证明详细信息，同时在气象证明信息未被受理之前，用户还能修改气象证明的申请内容。对应查询界面如图 4.36 所示。

用户可以根据自身需要采用受理号、手机号码、身份证号码三者之一来进行查询，但是为确保安全性，若用户想要修改申请内容，只有通过受理号查询才能操作。除此之外，用户还可以使用该查询模块，随时查看当前提交的气象证明的审批进度，如图 4.37 所示。

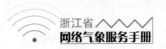

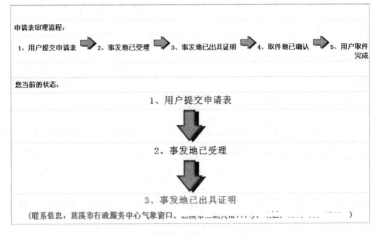

图 4.36　气象证明信息查询界面

图 4.37　气象证明审批进度查询

由图 4.37 可知,网络气象审批从用户提交申请到取件完成共划分为五个步骤,分别为:①用户提交申请表;②事发地已受理;③事发地已出具证明;④取件地已确认;⑤用户取件完成。用户在提交气象证明申请信息后,可以随时查看当前气象证明的审批进度;而且系统还提供了所属状态下对应受理部门的联系信息,方便用户及时跟进了解详细的处理情况。

(3)气象证明受理系统

在用户提交气象证明申请单后,系统会自动提醒事发地受理单

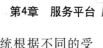

位相关工作人员进行气象证明受理操作。在此,系统根据不同的受理单位开通了对应的受理账号,每个受理账号只负责开具本辖区范围内的气象证明,分工明确,有助于提高工作效率;在证明开具完成后,取件地受理单位工作人员会对气象证明进行再次确认,并在确认无误后打印气象证明,提醒用户前来领取,方便快捷有效。

(4)业务流程监控系统

从用户提交气象证明申请单开始,到用户领取气象证明结束,皆有系统进行相应的监控、提醒。用户在提交申请单后,该系统除了自动发送受理号给用户之外,还会发送短信提醒事发地工作人员进行气象证明受理工作。

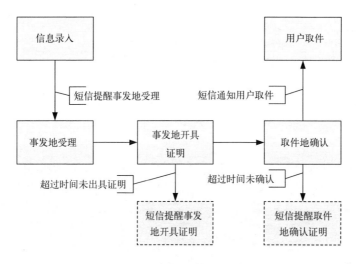

图 4.38　系统业务流程监控

由图 4.38 可知:系统对气象证明所处的每个状态都进行了监控,对于所处状态超过一定时间仍未被处理的气象证明,系统会自动报警提醒相关工作人员进行处理,并在取件地确认打印完成后,自动发送短信提醒用户前来领取。

业务流程监控系统旨在对气象证明每个信息处理流程进行监控，一方面及时告知用户气象证明的处理进度，另一方面及时提醒工作人员进行气象证明的相应处理工作，从而有效提高气象证明处理工作效率，提升为民服务质量。

第5章　网络运行维护

近年来,气候异常,气象灾害频发,对人民群众的生产、生活构成了严重威胁。人们由此也更加关注气象信息,如何提升气象服务也变得越来越重要。气象民生更是作为省委省政府关注的一个重点。浙江天气网作为民众获取气象信息的一个主要展示平台,备受瞩目。因此,其信息更新的及时性,尤其在灾害天气中,信息的按时到达与否显得尤为重要。

网络数据平台的运行维护系统是使用JAVA技术并结合手机短信、电话、传真、邮件等通信手段对上传浙江天气网的业务数据进行实时的监控和报警。一方面,对内部网站的运行维护而言,可以及时地发现问题根源所在,从而在最短时间内解决问题,提高工作效率。另一方面,在对外服务上,因为数据产品的按时到达,准时为百姓带来气象信息,可以提升气象服务的专业水准。

5.1　数据监控报警平台

在当前的气象业务中,对数据产品的更新监控,大多停留在查看产品更新日志文件、监控网页等单一的传统模式。但是,数据产品的更新往往存在多个业务流程的衔接,并不是简单的CMS后台更新前台展示模式。而且,终端页面上出现的产品超时,并不能直接反映出具体某个环节的产品更新问题。特别在紧急情况下,需在第一时间排查解决问题,具有一定的严峻性。倘若能对数据产品的更新进行实时监控,并在产品超时的第一时间报警,对于系统维护者和产品监控者而言,在处理产品延时的问题上,就事半功倍了。而且不同产品的更新情况各异,在监控时,系统也应该区别处理。这些功能也是当前的一些监控系统所不具备的。

5.1.1 监控系统的设计框架

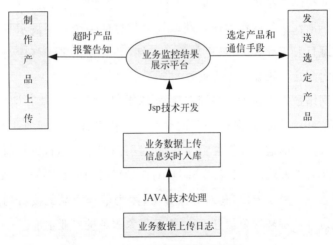

图 5.1 数据产品监控系统结构图

如图 5.1 所示为该业务监控系统的结构图。目前系统框架共分为两部分,第一部分完成后台产品上传日志的实时分析入库。若为定时产品,则进行时间匹配校对,出现超时的产品自动短信报警;不定时产品则实时入库。第二部分为前台页面,展示所有数据产品的更新情况,并根据实际的监控情况进行相应的手动制作产品上传、手动发送短信提醒等操作。根据前台页面还可以实时分析某个时段的数据产品的到位情况,并形成统计报表。此外,该监控系统还集成了专业服务产品的后台数据更新,完成定制产品的后台发送,前台监控等功能。

5.1.2　监控系统实现的主要原理

在上传的数据产品中,根据产品更新的不同时效性,将其分为定时产品和不定时产品。相应的,在后台程序处理产品日志入库时,针对以上两类产品在此分别定义了主动入库模式和被动入库模式。所谓主动入库模式,即根据当前时次和产品更新时间序列表,自动形成定时产品当前需要更新的时次列表,并自动查找分析产品上传日志信息,实时入库。被动入库模式则是由于不定时产品没有固定的更新时次,只能“被动”地根据产品上传日志信息,自动更新入库。其具体的产品日志处理流程如图5.2所示。

定时产品的更新因为有严格的时效性,在此定义了一张时间序列表,用以存放各个时次的产品时段信息。定时产品采用主动模式入库,即主动形成当前产品的更新列表,查找日志文件,分析入库。在处理定时产品日志时,根据不同产品的时效性,将产品监控时间精度分为:分钟、小时和天三种。例如:雷达拼图、三小时预报等产品的时间实时性较强,将其精度精确到分钟;而云图类的产品在一个小时内到达的产品数量不定,可以将其精度精确到小时,即保证一个小时内至少有一个产品会更新;对于卫视、农情类的视频产品,由于一天只有一个,而且没有严格规定的时间界限,故采用天为其判断精度。定时产品在入库时,系统会自动根据产品所对应的精度入库产品日志,并检测是否超时。

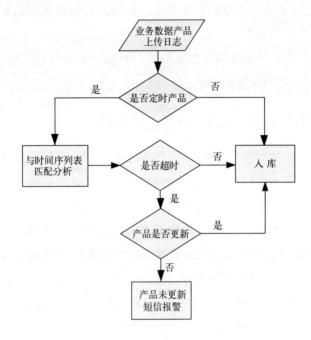

图 5.2 产品日志入库处理流程图

另外,在产品入库前,系统会根据当前时次形成当前需要更新的产品列表,若这些列表中已有产品超过了系统预定的缓冲时间,系统会自动发送对应时次的产品未更新的报警信息至值班人员手机中,值班人员可根据该信息进行相应的后续处理。

对于修改的产品日志信息,二者都是基于原始产品日志信息,实时分析入库。

5.1.3 监控系统的实际应用效果

表5.1所示为该监控系统前台展示主界面。

表 5.1 数据产品更新实时监控展示主界面

数据产品更新监控列表				
状态	产品名称	应上传时间	该产品今日上传记录	详细信息
⚫ （黑色）	雷达拼图	需要在 2011－07－24 19:40:00 完成	查看产品记录	查 看 产 品信息
⚫ （绿色）	风云 2D 卫星云图	需要在 2011－07－24 19:40:00 完成	查看产品记录	查 看 产 品信息
⚫ （绿色）	风云 2E 卫星云图	需要在 2011－07－24 19:40:00 完成	查看产品记录	查 看 产 品信息
⚫ （黄色）	短期预报	需要在 2011－07－24 16:40:00 完成	查看产品记录	查 看 产 品信息

根据监控系统的入库信息,可以实时获取当天每个产品的完成情况。在此将产品到位情况划分为正常完成、超时完成、超时未完成和当前需完成四种状态。并分别采用绿、黄、黑、紫 4 种不同的颜色来表示。表 5.1 所示的产品完成状态列表中,可以很明显地看出 19:40 时次的雷达拼图产品超时未完成;风云 2D 卫星云图等颜色状态为绿色的产品则是在规定时效内正常完成;而 16:00 时次的短期预报产品虽已完成,但却超时了。

采用不同颜色来区分产品到达的不同状态,在展示所有产品当前的完成情况时,能起到一目了然的效果。

不仅如此,如要具体查看一个产品在某个时次或一天内各个时次的详细完成情况时,该系统都能很好的体现。如表 5.2、表 5.3 所示。

表 5.2　7 月 24 日三小时预报更新信息

三小时预报	产品内容
…… ……	
应该在 2011 年 07 月 24 日 14 时 00 分 00 秒完成	
	工作已完成
应该在 2011 年 07 月 24 日 17 时 00 分 00 秒完成	
	工作已完成
应该在 2011 年 07 月 24 日 24 时 00 分 00 秒完成	
	工作未完成

表 5.3　17:00 时次三小时预报产品上传信息

三小时预报——应该完成时间:2011−07−24 17:00:00	
产品状态:	产品已正常完成
产品名称:	20110724170000.txt
产品更新时间:	2011−07−24 17:08:39
其他:	第一次上传
	历史更新记录
【短信通知】【手工制作】	

　　表 5.2、表 5.3 分别从不同角度直观地展示了"三小时预报"产品的完成情况。表 5.2 能纵观该产品在当天各时次的总体完成情况。表 5.3 则表征该产品在某个时次的详细完成信息,包括该产品的修改信息,并提供手动发送短信通知和手工制作产品接口;此外,历史更新记录提供该时次的产品在当月整体完成情况的一个对比展示。

对于超时未完成的产品,该系统提供了用于手工制作上传的平台,可用于产品紧急上传处理;同时提供手动短信发送平台,用于通知相关工作人员及时上传更新产品。除此之外,系统还提供了超时产品列表、当前需完成产品列表和当日已完成产品列表等信息,并提供历史数据产品具体更新情况的查询接口。

除了能够提供产品每日的具体到位信息外,该监控系统还可实时生成每日产品统计报表和月统计报表,如表 5.4 所示为风云 2D 卫星云图在 2011 年 7 月 24 日的产品总体到达统计情况,以及截止至 7 月 24 日该产品当月总体完成的统计情况。

表 5.4　风云 2D 卫星云图在 7 月 24 日当天和 7 月份的上传情况统计

风云 2D 卫星云图产品完成统计情况	
风云 2D 卫星云图 2011−07−24 完成情况	
已完成	47
超时已完成	1
正常已完成	46
风云 2D 卫星云图 2011 年 07 月完成情况	
已完成	1180
超时已完成	9
正常已完成	1171

统计报表中包含了产品超时完成和正常完成两种情况。根据每个产品的实际到位情况,可直接求得该产品的超时未完成情况,并在产品超时未完成的展示页面中查询具体信息。

5.1.4　前台监控人工报警和产品制作

如果当前产品未更新,除了在后台程序中会自动发送短信报警之外,在前台页面,可以根据需要短信通知相关工作人员完成产品制作并上传,或者直接手工制作上传产品。在对应时次的产品更新页面中,包含了"短信通知"和"手工制作"两个按钮,单击短信通知,显示如图 5.3 所示,输入对方手机号和内容,按"提交"即可。

三小时预报——应该完成时间：2011-07-24 20:00:00

手机号码:	15805718890　*
短信内容:	您好！请输入信息！ *

提　交

图 5.3　三小时预报 20:00 时次短信通知界面

单击"手工制作",跳出如图 5.4 所示产品制作界面。

对于图片类产品,同样单击"手工制作"按钮,系统自动会选择跳出图片产品上传页面。此外,对于其他文档类的产品同样可以采用该方法直接上传。如图 5.5 所示为手动上传 20:00 时次的小时降水产品的界面。

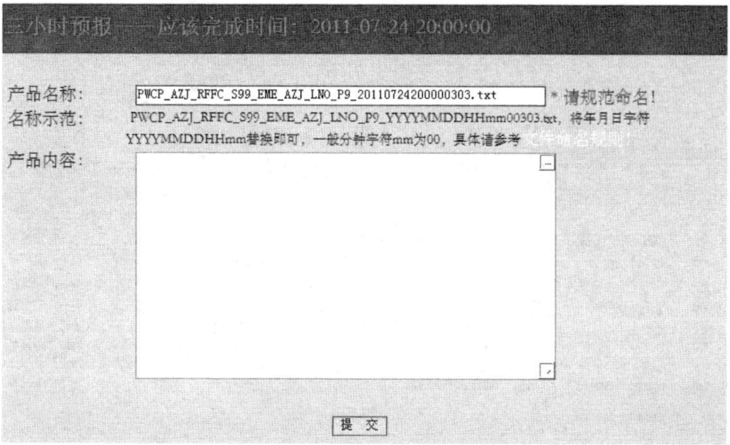

三小时预报——应该完成时间：2011-07-24 20:00:00

产品名称： PWCP_AZJ_RFFC_S99_EME_AZJ_LNO_P9_20110724200000303.txt　＊请规范命名！

名称示范： PWCP_AZJ_RFFC_S99_EME_AZJ_LNO_P9_YYYYMMDDHHmm00303.txt，将年月日字符YYYYMMDDHHmm替换即可，一般分钟字符mm为00，具体请参考

产品内容：

提 交

图 5.4 三小时预报产品 20:00 时次制作上传界面

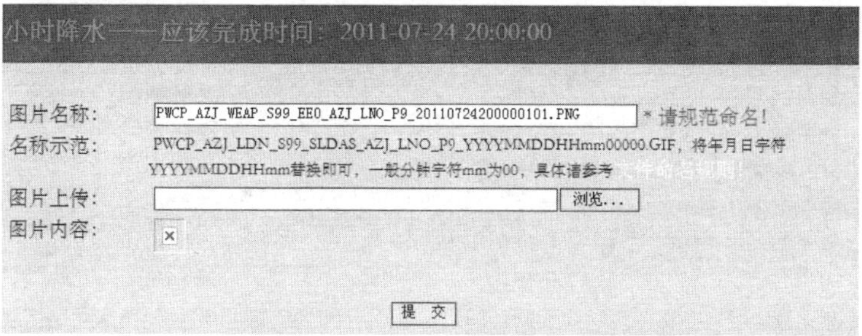

小时降水——应该完成时间：2011-07-24 20:00:00

图片名称： PWCP_AZJ_WEAP_S99_EE0_AZJ_LNO_P9_20110724200000101.PNG　＊请规范命名！

名称示范： PWCP_AZJ_LDN_S99_SLDAS_AZJ_LNO_P9_YYYYMMDDHHmm00000.GIF，将年月日字符YYYYMMDDHHmm替换即可，一般分钟字符mm为00，具体请参考

图片上传： 浏览…

图片内容： ×

提 交

图 5.5 20:00 时次的小时降水产品手动上传界面

5.1.5 前台监控其他相关统计页面展示

在前台监控页面中，除了对当前时次产品的具体更新情况进行展示外。还包括对于超时未更新产品、当前需更新产品列表、已完成产品列表等的统计展示，以及包括手动上传设置和产品总体更新统计情况的列表展示。分别如图 5.6 至图 5.10 所示。

图 5.6 默认显示当前超时未完成的产品列表。可根据时间查

找历史日期的超时未完成产品列表。

图 5.7 显示当前时次需要更新的产品列表信息。

			请选择日期：2011-07-24 请选 择类别：		
当日超时未完成产品列表（全部）			全部 查找		
状态	状态信息	产品名称 来源单位	应上传时间	该产品当日上传记录	详细信息
●	已超时4小时0分钟	雷达拼图 网络中心	需要在2011年07月24日16时30分00秒完成	查看产品记录	查看产品信息
●	已超时3小时20分钟	雷达拼图 网络中心	需要在2011年07月24日17时10分00秒完成	查看产品记录	查看产品信息
●	已超时2小时40分钟	雷达拼图 网络中心	需要在2011年07月24日17时50分00秒完成	查看产品记录	查看产品信息
●	已超时0分钟	雷达拼图 网络中心	需要在2011年07月24日20时30分00秒完成	查看产品记录	查看产品信息
●	已超时4小时3分钟	天气预报图1 气象台	需要在2011年07月24日16时30分00秒完成	查看产品记录	查看产品信息
●	已超时4小时3分钟	天气预报图2 气象台	需要在2011年07月24日16时30分00秒完成	查看产品记录	查看产品信息
●	已超时4小时3分钟	天气预报图3 气象台	需要在2011年07月24日16时30分00秒完成	查看产品记录	查看产品信息
●	已超时11分钟	小时降水 网络中心	需要在2011年07月24日20时00分00秒完成	查看产品记录	查看产品信息
共计8个产品超时未完成！					

图 5.6　当日超时未完成产品列表

					已完成产品列 表 手动上传产品
当前时次需更新产品列表					
状态	上传计时	产品名称	来源单位	应上传时间	该产品今日上传记录	详细信息
●	距截止上传时间47分钟	24小时最低温度	网络中心	需要在2011年07月25日10时00分00秒完成	查看产品记录	查看产品信息
●	距截止上传时间47分钟	24小时最高温度	网络中心	需要在2011年07月25日10时00分00秒完成	查看产品记录	查看产品信息
●	距截止上传时间47分钟	当前温度	网络中心	需要在2011年07月25日10时00分00秒完成	查看产品记录	查看产品信息
●	距截止上传时间45分钟	风力实况	网络中心	需要在2011年07月25日10时00分00秒完成	查看产品记录	查看产品信息
●	距截止上传时间50分钟	风云2D卫星云图	网络中心	需要在2011年07月25日09时00分00秒完成	查看产品记录	查看产品信息
●	距截止上传时间110分钟	风云2D卫星云图	网络中心	需要在2011年07月25日10时00分00秒完成	查看产品记录	查看产品信息
●	距截止上传时间170分钟	风云2D卫星云图	网络中心	需要在2011年07月25日11时00分00秒完成	查看产品记录	查看产品信息
●	距截止上传时间50分钟	风云2E卫星云图	网络中心	需要在2011年07月25日09时00分00秒完成	查看产品记录	查看产品信息
●	距截止上传时间110分钟	风云2E卫星云图	网络中心	需要在2011年07月25日10时00分00秒完成	查看产品记录	查看产品信息
●	距截止上传时间170分钟	风云2E卫星云图	网络中心	需要在2011年07月25日11时00分00秒完成	查看产品记录	查看产品信息
●	距截止上传时间47分钟	近12小时降水	网络中心	需要在2011年07月25日10时00分00秒完成	查看产品记录	查看产品信息
●	距截止上传时间47分钟	近3小时降水	网络中心	需要在2011年07月25日10时00分00秒完成	查看产品记录	查看产品信息
●	距截止上传时间47分钟	近6小时降水	网络中心	需要在2011年07月25日10时00分00秒完成	查看产品记录	查看产品信息
●	距截止上传时间8分钟	雷达拼图	网络中心	需要在2011年07月25日09时40分00秒完成	查看产品记录	查看产品信息
●	距截止上传时间95分钟	天气快报	天气快报	需要在2011年07月25日10时15分00秒完成	查看产品记录	查看产品信息
●	距截止上传时间47分钟	小时降水	网络中心	需要在2011年07月25日10时00分00秒完成	查看产品记录	查看产品信息
前10个时次未完成产品列表：	雷达拼图(3:20时次) 雷达拼图(5:10时次) 雷达拼图(5:40时次) 雷达拼图(6:40时次) 雷达拼图(7:30时次) 雷达拼图(8:40时次) 雷达拼图(9:10时次) 雷达拼图(9:30时次) 台风动态图片1(0:00时次) 台风动态文本(0:00时次)				

图 5.7　当前时次需更新产品列表

图 5.8 默认显示当日已完成的产品列表,也可根据需要选择不同日期下产品完成情况。

图 5.8 当日已完成产品列表

产品手动上传设置页面(图 5.9)用于类似产品已上传,但未更新至页面的情况。此时可直接单击相应链接,执行产品更新流程,也可用于产品制作。针对预警信号等时效性较强的产品,可手动执行生成最新的预警信号文件。

在数据产品更新统计列表中,可以根据需要查看某个网络终端产品上传的统计情况。根据图 5.10 所示,单击中国天气网的风云 2D 卫星云图显示该产品的当天、当月上传统计情况。如图 5.11 所示,对该产品的超时完成数和正常完成数进行统计。

浙江天气网产品手动上传链接

（1）生成数据	（2）上传数据
第一次上传产品日志保存	重复上传产品日志保存
视频文件下载转换　国家播报、天气快报	预警信号传输　预警信号
传真发送	E-mail发送
最高温度　最低温度	一天温度

图 5.9　产品手动上传设置

服务中心数据产品更新统计列表			请选择日期：2011-07-25　查找
状态　产品名称	来源单位	产品所属类别	
● 雷达拼图	网络中心	中国天气网:命名方式:0　民生网:命名方式:1　业务平台:命名方式:1　民生网:命名方式:1	
● 风云2D卫星云图	网络中心	中国天气网:命名方式:0　民生网:命名方式:1	
● 风云2E卫星云图	网络中心	中国天气网:命名方式:0　民生网:命名方式:1	
● 当前温度	网络中心	中国天气网:命名方式:0　显示屏:命名方式:1　民生网:命名方式:1　业务平台:命名方式:0　民生网:命名方式:1	
● 24小时最高温度	网络中心	中国天气网:命名方式:0　民生网:命名方式:1　业务平台:命名方式:0　民生网:命名方式:1	
● 24小时最低温度	网络中心	中国天气网:命名方式:0　民生网:命名方式:1	
● 小时降水	网络中心	中国天气网:命名方式:0　显示屏:命名方式:1　民生网:命名方式:1　业务平台:命名方式:0　民生网:命名方式:1	
● 近3小时降水	网络中心	中国天气网:命名方式:0　业务平台:命名方式:1　民生网:命名方式:1	
○	○	○	
	○		

图 5.10　业务数据产品更新统计列表

风云2D卫星云图2011-07-24完成统计情况：
已完成：47
超时已完成：21
正常已完成：26

风云2D卫星云图当月完成统计情况：
已完成：1180
超时已完成：309
正常已完成：871

图 5.11　风云 2D 卫星云图在 7 月 24 日和 7 月份的上传情况统计

5.2　点击率平台

5.2.1　点击率统计的重要性

"点击率"来自于英文"Click-through Rate"以及"Clicks Ratio",是指网站页面上某一内容被点击的次数与被显示次数之比,"clicks/views",它是一个百分比。反映了网页上某一内容的受关注程度。点击率的高低在某种程度上也决定着网站的发展。通过点击率的变化可以帮助网络气象服务人员总体把握网站的发展情况,具体作用表现为:

(1)了解网站整体发展情况

通过对网站点击率的统计分析,可以了解网站受关注度的整体的情况,通过与同类网站的点击率比较分析,可以了解到本网站在同类网站中所处的位置,从而可以有针对性的取长补短,学习其他网站的优势,以改进和丰富自己的网站,使网站能得到良好的发展。

(2)了解公众信息需求情况

通过对各个栏目的点击率统计分析,可以了解公众对哪些栏目及气象信息比较关注,从而在这些栏目和信息上加大服务力度,更好地满足公众需求,同时也能了解到哪些栏目和产品关注度较低,帮助网络气象服务人员调整服务产品和栏目设置,提高网络实用有效信息比重,提升网络服务产品整体价值。

(3)了解网站动态发展情况

通过一段时间网站点击率的统计分析,可以了解到不同时段不同天气情况下,网站受关注度的变化情况,帮助网络气象服务人员了解不同时期反映在网络上的服务质量的变化情况,从而总结一些有益的经验,提高工作效率和工作效果。尤其是在台风等灾害性天气发生的时候,通过对点击率多角度的分析,可以为服务人员更好地提高服务意识、把握服务时机、发布服务产品等提供参考依据。

（4）为改进网站提供数据依据

由于点击率的量化标准,可以直观地反映网站各部分各时期的发展情况,也可以由此形成比较标准,可以客观地对同类网站的发展状况提供数据依据,用以形成各市县的网络气象服务比较指标,也能为指导网站进一步改进提供具体量化依据,对网络气象服务整体发展有重要意义。

5.2.2 网站点击率统计的内容

由于不同网站的关注内容以及统计方法的不同,点击率统计的内容也不一样,一般主要包括:独立 IP 数、综合浏览量（PV）、平均访问时长、浏览峰值等数据,其中独立 IP 数和 PV 是对用户访问量的统计,平均访问时长、页面浏览数量是对用户访问行为的统计。

（1）浏览数据统计

网站访问量是指网站流量（traffic）,是用来描述访问一个网站的用户数量以及用户所浏览的网页数量等的指标,常用的统计指标包括网站的独立用户数量、总用户数量（含重复访问者）、网页浏览数量、每个用户的页面浏览数量、用户在网站的平均停留时间等。

网站访问量的衡量标准一个是独立 IP 数,另一个是 PV,常以日为标准,即日独立 IP 和 PV。

综合浏览量,即页面浏览量或点击量,用户每次刷新即被计算一次。

独立 IP 数,即 00:00－24:00 内相同 IP 地址只被计算一次。IP 是一个反映网络虚拟地址对象的概念,独立用户是一个反映实际使用者的概念,每个独立用户对应于每个 IP,更加准确地对应一个实际的浏览者。使用独立用户作为统计量,可以更加准确地了解单位时间内实际上有多少个访问者来到了相应的页面。

二者的联系与区别:PV 高不一定代表来访者多;PV 与来访者的数量成正比,但是 PV 并不直接决定页面的真实来访者数量。比如一个网站只有一个人进来,通过不断的刷新页面,也可以制造出非常高的 PV。一个独立 IP 可以产生多个 PV,所以 PV 个数大于等于 IP 个数。

同类网站访问率＝同类网站访问量÷网站总访问量×100%

一个站点的流量由两部分组成,一部分为固定的访客,另一部分是新的访客。固定的访客是站点流量固定增加的保证,而新的访客是站点流量随时增加的保证。

(2)用户评价

对一个网站的评价,很重要的一方面是对网站用户的分析。用户行为也是检验网站发展状况的一项客观指标。

一般而言,统计访问网站的独立用户数量、用户浏览页面数量、用户访问时长、用户回访次数、新访问增加人数,以及用户地域、年龄、职业分析等,目的是为了更客观全面地了解公众对网站的评价。

独立用户数量:对于独立用户而言,每一个固定的访问者只代表一个唯一的用户,无论他访问这个网站多少次。独立用户越多,说明网站推广越有成效,也认为是网络营销越有效果,因此是最具有说服力的评估指标之一。

总用户数量:用户每访问一次就算一次,含重复访问者。

5.2.3　提高网站点击率的方法

(1)提高网站整体服务质量

网站点击率能较客观地反映用户对网站的需求程度,网站内容有实用价值,用户对网站认可度高,自然用户关注度高,网站点击率也相应升高。因此,提高网站点击率的根本方法之一就是提高网站整体的服务质量,真正以用户需求为牵引,最终将浙江天气网建设成为浙江网民了解浙江气象的第一选择、第一权威和第一满意的网站。而提高网站整体服务质量应从形式和内容两方面着手,一是提高气象服务产品的质量,包括产品的及时性、实用性、权威性等,以及针对网络的专门的气象服务产品的开发应用,如多媒体产品、网络专题服务产品等,这要求网络气象服务人员提高服务敏感性,真正从用户角度思考服务内容;二是提高网页设计的质量,包括页面美观、界面友好、方便快捷等,从版式、色彩、图文搭配等方面对服务内容进行排版包装,传达服务理念,提升整体品牌形象。

(2)技术改进

1)加入搜索引擎

搜索引擎是因特网中的门户网站,将主页加入搜索引擎中,可以让网络用户非常方便快捷的搜索到。目前因特网中的搜索引擎很多,应选择知名度较高的网站做搜索引擎。目前,在主要的搜索引擎中都能搜索到浙江天气网。

以搜狐为例来看怎样将网站加入搜索引擎中。首先在 IE 地址栏中输入 http://www.sohu.com 进入搜狐主页,找到"网站登录",点击进入第二页,这里有几个选项,选择"没有,建议登录",点击后会出现 3 种登录方式:推广型登录,普通型登录,免费型登录。前两种是收费的,搜狐对这两种登录方式处理得比较及时;后一种是免费的,搜狐对非商业性网站如政府部门、学校等提供免费网站登录。接下来是选择所属的类目,一级一级选好后再填写网站资料,如网站名称、网站地址、关键词等。按照它的提示一步一步填好,最后点击"进行下一步"按钮,出现"提交成功"就算完成了。搜狐会在数日内发 E-mail 给你,告知处理结果。按照同样的方法到其他搜索引擎进行登录,各网站的填写格式大同小异。

现在有一种自动注册网站到搜索引擎中的软件,用户只需填写要提交的站点信息,它就会自动地把网站注册到许多搜索引擎中去。但是,由于各搜索引擎的工作原理并不相同,这种注册效果不是很理想。此外,有些网站为了吸引浏览者,提供免费或收费的代理注册主页服务,只需访问这些网站,在适当的位置填写自己站点的信息,该网站就会把你的站点注册到许多搜索引擎中去。

2)与相关的网站彼此链接

与一些知名的网站做链接,可以提高自己网站的点击率。可以在互联网中查找与自己网站主题相同的站点,通过友好协商后彼此链接起来,随着链接站点的增多,形成类似蜘蛛网状的链接结构,可以吸引许多浏览者,提高自己网站的访问量。天气网的国家级、省市县各级都做了很好的相互链接。

在寻找链接网站时，一是要注意对方的网站必须与自己的网站主题相同或类似，如果主题不同，即使是热门网站也不应链接，否则，只能使自己的网站失去特色，显得不伦不类；二是对方必须是优秀的网站，最好能有一定的知名度，不要单纯为了增加链接数量而忽视了链接站点的质量。

（3）宣传

1）PPC 竞价推广

PPC，是指购买搜索结果页上的广告位来实现营销目的的方式。各大搜索引擎都推出了自己的广告体系，相互之间只是形式不同而已。搜索引擎广告的优势是相关性，由于广告只出现在相关搜索结果或相关主题网页中，因此，搜索引擎广告比传统广告更加有效，客户转化率更高。

2）发表文章

写出文章后，不仅发在自己的网站上，也可以发到其他接受客座作者文章的网站和电子杂志等。英文网站中有不少是专门收集这些文章的，其他的站长也会到这些文章收集网站来寻找有用的东西，放在自己的网站或电子杂志里。这些文章里面的作者信息都会包含指向原出处的链接。

5.2.4 浙江天气网点击率分析

为了更好地统计和分析浙江天气网的点击率，设计开发了一个浙江天气网的点击率统计平台，在浙江天气网市县分站各个栏目及页面进行自动或手动埋码，基于浙江天气网市县分站用户点击率数据进行统计分析。

(1)浙江天气网点击率统计流程

1)确定指标

浙江天气网点击率常规分析指标为网站浏览量、独立 IP 数、平均访问时长等,这三个指标可以在反映网站总体发展以及访问用户分析方面提供基础数据,简便直观,宜于在全省范围内推广,形成客观比较数据,为全面、客观评价浙江天气网各市级站(以下简称"市级站")运行维护和业务质量考核提供依据,从而总体提高网络气象服务水平。

2)定时处理数据

定时利用 JAVA 对数据进行处理。数据服务器获取用户点击信息,根据统计算法得到网站浏览量、访客数、独立 IP 数、跳出率、平均访问时长等数据,然后利用 Highcharts 对统计数据进行封装,生成数据图表和 JSP 页面访问分析报表。

3)生成图表和分析数据

对系统自动生成的图表等进行分析总结。可针对站点、栏目、页面、链接进行针对性分析,从用户活跃度、用户回访频度、用户回访周期 3 个维度揭示用户黏性,以求更好地了解用户需求,并根据用户需求及时调整气象服务内容。

4)形成报表用以调用

各级天气网可利用 BS 调用各站点及子栏目报表,浙江天气网也将对各级天气网统一进行数据分析。并以各市级站的浏览量同比增长情况与浙江天气网全站的同比增长情况对比数据,作为对市级站网络气象服务业务工作的考核指标之一。

具体流程图如下:

数据提交代码使用 JavaScript 技术,JavaScript 可兼容 HT-

ML、JSP、ASP、.NET 等各种网络编程语言,可在各市县站点栏目页面实现无缝嵌入。数据处理平台采用 JAVA 技术开发,由于 JAVA 技术的可重用性和可移植性好,利用新的 JAVA 类嵌入数据存储服务器提取相关数据可减少开发工作量,也可实现无缝结合。利用 Highcharts 技术内置的图表功能可快速方便的封装出曲线图、柱状图、饼图等数据图表。Web 后台使用 JSP 技术,与目前浙江天气网服务器语言一致,可快速部署。以上思路的设计和实现可避免重复开发以及和原网站的无缝结合。具体流程见图 5.12。

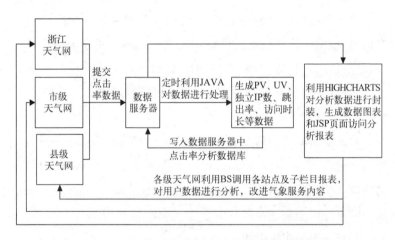

图 5.12 点击率统计分析平台具体流程图

(2)埋码

在浙江天气网省级站建立网站点击率代码统计软件平台,有省级站统一为各市县配发一个带加密 KEY 的点击率统计代码脚本,把该脚本设置在网站每一个页面底部,实现全省气象网站实时的点击率统计。

（3）统计数据分析

获取网站访问统计资料通常有两种方法：一种是通过在自己的网站服务器端安装统计分析软件来进行网站流量监测；另一种是采用第三方提供的网站流量分析服务。浙江天气网采取了两种统计途径，互为补充。在网站点击率平台可以实时统计到每小时各站点的点击率情况，直观的反映现实用户浏览情况，统计效果如图5.13至图5.16所示。

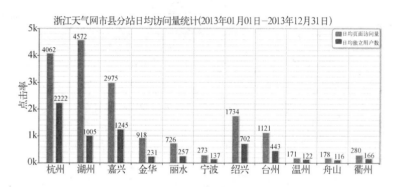

图 5.13　2013 年浙江各市点击率访问量统计效果图

地市分站	日均页面浏览量	日均独立用户数	浏览峰值(日期)	独立用户访问峰值(日期)	总点击率	独立用户总数
湖州	4572	1005	10346(10月8日)	1825(10月7日)	1307660	287482
杭州	4062	2222	37884(10月7日)	17114(10月7日)	1230901	673244
嘉兴	2975	1245	8936(8月7日)	2290(10月7日)	901457	377159
绍兴	1734	702	6973(10月7日)	2064(10月7日)	525468	212557
台州	1121	443	19015(8月19日)	8015(10月6日)	339788	134133
金华	918	231	3353(12月17日)	719(7月13日)	277221	69830
丽水	726	257	2705(10月6日)	563(10月6日)	168434	59509
衢州	280	166	570(12月16日)	325(4月28日)	84473	50226
宁波	273	137	1310(10月7日)	572(10月6日)	80908	40569
舟山	178	116	658(10月6日)	350(10月6日)	53863	34994
温州	171	122	1401(10月6日)	969(10月6日)	51928	37010
地市分站	日均页面浏览量	日均独立用户数	浏览峰值(日期)	独立用户访问峰值(日期)	总点击率	独立用户总数

图 5.14　2013 年浙江各市点击率统计分析表

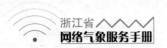
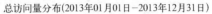

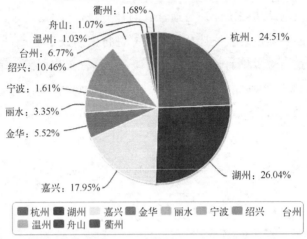

图 5.15　2013 年浙江各市总访问量统计效果图

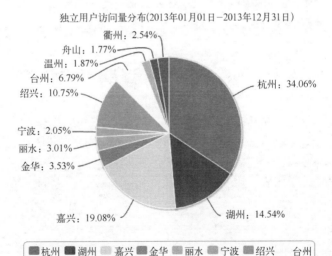

图 5.16　2013 年浙江各市独立用户访问量统计效果图

5.3　省本级网络服务业务流程

网络服务工作主要负责浙江气象外网、浙江天气网、手机WAP气象信息网、浙江农网、公共气象服务业务系统的运行、维护、开发工作;负责浙江气象外网、浙江天气网、手机WAP气象信息网、浙江农网等网站相关信息监控、发布;负责业务展示平面的维护和设计。网络气象服务包含面广,要做好服务工作,需要内容采集、网页设计及后台运维等工作的协同配合,针对每一部分工作都有相应的工作流程和规范,确保各项环节的正常运转。

5.3.1　网页实时监控

1)检查各公众网站、手机气象站、3G网站、电子显示屏的数据更新。主要检查包括:网站可用性、信息时效性、准确性、格式的规范性等。定时检查网站内容是否被篡改和相关链接是否有效。

2)如有台风,密切关注台风动向,并做好台风专题的信息维护(具体维护内容详见本手册5.3.4)。

3)做好气象传真系统的检查和数据更新维护工作(具体维护内容详见本手册5.3.5)。

4)检查频次:每时次做一次定期检查,另外时间不定期检查。特殊天气加密检查次数。

5)对外窗口(网站、业务平台、电子显示屏)维护上,诸如当浙江气象外网、浙江天气网、浙江天气网气象商城、手机WAP气象信息、浙江农网等网站出现网页打不开、产品没有正常更新之类的问题及电子显示屏显示的产品没有及时更新,甚至出现显示屏终端无法正常播放的情况,网络值班人员都要第一时间作出响应,及时解决问题。

6)随时保持电话畅通,并具备随时上网的工作条件。按照规定需做好所有对外窗口(包括网站、电子显示屏)、所有服务器的维护工作;同时保障网络正常运转,确保业务流程畅通。

7)若相关网站服务产品未按照时次要求及时更新,信息网络监控岗未及时发现处理,信息网络监控岗负主要责任;若经过信息网络监控岗处理,确认是内部数据处理故障并告知网络技术值班人员但未及时处理的,网络技术值班人员负主要责任。

5.3.2 网络产品发布

网络气象服务产品包括气象部门各单位制作的公众气象服务产品(以下称"非新闻类气象产品"),也包括新闻采编人员根据天气情况采写的新闻产品。

5.3.2.1 非新闻类气象产品发布流程

非新闻类气象产品以各业务单位制作的气象服务产品为主,网络服务主要负责对放置在网络上的产品的更新情况和出错情况进行实时监控。除此之外,对于预警信号的发布需要网络值班人员及时把关监控。

1)负责浙江天气网、浙江气象政务网、手机 WAP 等网站产品的监控,各岗位均需负责对发布信息进行审核,包括产品内容和实效。

2)预警发布。当气象台发布预警时,多媒体显示屏、浙江天气网、浙江气象外网上将自动处理预警信息,如采取网站预警浮标、显示屏滚动播放等,确保同步播出预警信息。若预警信息短信收到 15 分钟后网站上没有浮标飘动,值班人员应检查相关信息处理情况,同时采取人工应急操作,并通过电话向相关领导汇报。

3)确保信息无误。时刻保持信息的及时更新,气象信息由采编人员更新和检查,再由监控人员审核,确保内容和格式无错误。在特殊时段(例如强对流、梅汛期、台风期间等),所有值班人员需及时关注网站上的信息变更,发现异常及时处理。

5.3.2.2　新闻采编制作发布流程

信息采编人员做好网络的新闻更新工作,保证信息的更新量和丰富性,内容包括天气信息、气象养生保健、气象专题报道等,以及根据天气变化情况不定期采写的气象新闻报道。

采编人员采写气象新闻的流程:

(1)对天气的掌握

1)熟悉本省和本地区气候规律、一段时间的服务重点和天气实况预报内容等,并随时关注天气变化。关注是否有异于历史同期的天气出现,如气温、降雨等,可与长期、中期均值作比较。

2)了解有无重大灾害性天气发生和预警类信息发布。如暴雨、浓雾、强对流、台风等。

3)了解近期是否有转折性天气、要素突变等。

4)参加天气会商,明确预报内容,并随时注意预报的修订。

(2)对新闻敏感点的把握

1)了解天时、节气、节日等信息。

2)将天气与社会热点、气象新闻等结合起来。

3)考虑天气对交通、农业、人体健康、民生经济等的影响。

4)考虑当下季节、近期天气特点等,与相关的气象知识、生活常识、预防常识等相结合。

(3)选择切入点,收集资料,整理成篇

1)考虑天气与新闻热点话题,选取具有新闻价值的信息为新闻采编切入点。

2)围绕切入点,广泛搜集资料,包括气候历史资料、报纸网络文字资料、与天气事件相关的图片资料等。

3)凝练标题、撰写导语以及新闻主体内容。

(4)审核、发布

1)审核。为了提高网站气象服务产品的质量,必须规范网站气象产品的编辑、审核和发布流程,职责明确,确保信息正确无误。信息审核涉及的内容为转载其他媒体和新闻网站的相关信息以及自己撰稿的信息,信息发出后发生错情,相关人员需担负责任。

2)提交网页后台发布。

5.3.3　网站系统维护

(1)定期诊断

对网站的可用性、健康状况、访问量、信息更新量等进行不间断、全天候的检测、诊断、统计和分析。

网站可用性,即网站是否可以访问,以及网站的响应速度。主要监测项目包括:无法访问率、响应时间、连接时间、下载时间等。

网站健康状况,即可访问的网站是否存在网页差错,以及发生差错的严重程度。主要监测项目包括:访问错误、服务器错误、网络错误等。

网站访问量,即单位时间内访问网站的用户数量以及用户浏览网页的次数。主要监测项目包括：网站的独立访问用户数、首页浏览量、页面总浏览量和用户平均访问时间等。

网站更新量，即网站的网页信息总量和单位时间内新增的网页信息量。主要监测项目包括：网站的网页存量、信息更新量、原创信息更新量和有效信息更新量等。

（2）定期维护

定期完成服务器日志清理、服务器补丁更新、程序维护，定期检查服务器的硬件运行状态等日常维护工作。确保业务正常流转。

（3）故障应急

在日常值班过程中，网络监控人员在发现以上网络维护范畴内的情况，或者接到故障电话后，需在 10 分钟内做出响应，及时判断问题所在并予以解决。如问题复杂，在 20 分钟内不能解决，需立即向相关责任领导汇报。

5.3.4 台风专题监控维护流程

1）接到相关台风发布信息以后（其他人员了解到有台风信息时需要相互提醒），当日值班人员要第一时间处理以下工作：及时更新台风个性分析、最新消息、中央台路径（中国天气网天气资讯栏目：http://www.weather.com.cn/news/index.shtml）、灾情实况等信息。

2）检查台风路径更新情况（参看多轨道网台风路径）。

3）在浙江天气网和浙江气象外网发布台风专题飘浮窗（后台的发布流程如下：在浙江气象外网后台的文章管理中，选择"浙江省气象局门户"，选择"台风专题发布"，在发布时选择发布位置为

"首页发布",当要撤销漂浮窗时选择发布位置为"普通发布")。

4)时刻关注省台发布的台风动态,并及时发布到台风专题"省台台风动态与警报"栏目,省台最新动态可在(连 VPN\\172.＊.＊.＊\sys\tfdt)查询。

台风警报单地址:http://172.＊.＊.＊/tqgd/4_1.asp? position＝10。

5)查看手机 WAP 台风动态栏目,台风实况数据确保更新,省台预报内容与网站台风动态(台风警报单)内容一致,中央台预报内容与网站中央台预报内容一致,日本、台湾、香港预报保持最新。

6)台风专题后台发布平台:http://192.＊.＊.＊/admin。

7)当日值班人员下班时与次日值班人员做好交接工作(如台风动态、警报单发布时次,中央台预报发布时次)。

登录 FTP 后,将按照以下命名好的文本文件和图片上传即可。

其中:png 图片可以采用 QQ 截图,保存图片时,选择图片类型为 png 格式。

台风图片文件命名:台风编号＋月日时＋.png(例如:201105062520.png)。

中央台路径发布(大图):"台风命名"加未来 48 小时路径概率预报图和"台风命名"加未来 24 小时大风预报图。

5.3.5　传真系统维护流程

1)检查确认传真内容是否是最新。

2)及时更新旬月报内容,每月月报更新时间为每月底 30－次月 1 日左右,旬报更新频率为每月 3 次(10 日、20 日、30 日)。在旬、月报发布期间的网络监控岗人员,即每月的 10 日、20 日、30 日的网络监控岗人员要时刻关注旬、月报的更新,如当日无更新,需和次日网络监控岗人员做好交接,务必做到无遗漏。

备注:

网络监控岗(08:30－次日 08:30):主要负责各网站监控、台风专题发布,如遇信息采编岗调休需同时做好信息采编岗工作。

信息采编岗(08:30－17:00,夏季 17:30):天气网、气象外网、新闻稿、农网、农民信箱、兴农网等信息发布。

5.3.6　浙江天气网业务应急流程

浙江省气象服务中心是浙江省气象信息发布的主要窗口,其中网络服务部主要承担浙江天气网、浙江气象外网、手机 WAP 等网站相关信息的监控与发布。为在出现意外情况或灾害性、突发性天气预警信息时,确保气象信息在第一时间对外发布,保证公众准确及时掌握气象信息,特制定以下应急流程:

1)短时预报、短期预报、一周天气预报等有关产品未更新:先查看"多轨道综合业务网"http://172.＊.＊.＊/中是否已更新,若未更新需与省台联系,若已更新则再进入"服务中心数据产品更新监控平台"http://192.＊.＊.＊/CurAllTaskMonitor.jsp 进行手动上传。

2)海洋天气、海区风力等级等有关产品未更新:先查看"多轨道综合业务网"中是否已更新,若未更新需与海洋科联系,若已更新则再进入"服务中心数据产品更新监控平台"进行手动上传。

3)风力、降水、温度、雷达、云图等有关产品未更新:先查看"多轨道综合业务网"中是否已更新,若未更新需与网络中心联系,必要时联系相关人员;若业务网已更新则再进入"服务中心数据产品更新监控平台"进行手动上传。

4)旬月报等农气产品未更新:先查看"多轨道综合业务网"中是否已更新,若未更新需与气候中心联系,必要时联系相关人员。

5)短期预报图、小时降水预报图未更新:先查看"多轨道综合业务网"中是否已更新,若未更新需联系气象台相关人员。

6)卫视影视、农情气象等有关产品未更新,需与影视科联系。

7)预警发布信息收到短信 15 分钟后网站上没有浮标飘动:先进入"服务中心数据产品更新监控平台",查看内容"浙江天气网省台预警最新记录更新查看"是否符合,符合则点击手动上传产品平台中的 ST 预警信号即可,不符合则需电话联系网络中心。预警解除时处理方法与发布类似。

同时值班人员需将相关信息的处理情况向值班科长汇报,并电话通知相关部门和相关领导。

8)遇到浙江天气网网页上产品不能及时更新、视频无法正常显示等问题时,需与中国天气网值班人员联系。

9)显示屏软件或硬件出现问题,需与相关人员联系。

10)出现问题网络监控岗无法及时解决需第一时间与技术人员联系。

第6章 存在的问题和展望

6.1 气象服务的发展

　　网络速度的提升和手机的普及对正处于网络时代的气象服务来说是一个很好机遇。在当前全球变暖、极端天气不断增多和气候变化越来越复杂等情况下,社会和公众也越来越重视公共气象服务。我们应该树立"以用户为中心、以需求为导向"的服务理念,根据社会和公众的需求开发出更好、更多、更准确的公共气象服务产品,例如:图像产品、天气预报视频、预报音频、与专家互动、实时信息、动画显示等,逐步建立包含细分用户需求、建立天气影响指标、提供天气风险解决方案的新型网络气象服务流程。

　　气象科技服务只有搭上网络快车,才能更加蓬勃向上,才能拥有无限的生命力。发展网络气象服务,扩大气象科技服务领域,更新气象科技服务手段是时代的需要,势所必然。通过有线和无线的网络,利用气象信息网站和公众 WAP 气象网站进行多渠道地服务于多层次、多领域的专业客户,提供及时、快捷、准确的气象产品,从而满足专业客户的需要,实现客户的经济利益最大化的同时,也提升了气象服务的经济效益,从而达到了双方共赢的局面。随着通信和网络技术的发展,借助新网络和通信结合的产物——

移动互联手机这个"东风",为社会和公众提供更好的气象服务。

展望未来,网络气象服务将发挥无可替代的重要作用,网络气象服务可能成为评价气象服务能力强弱的核心指标。在未来不论是针对机构的专业气象服务还是针对个人的贴身气象服务,网络将是主要的手段和渠道。基于网络的气象服务将是气象服务部门研究和应用的主要方向之一。随着网络气象服务的国际竞争日趋激烈,面对国外专业气象服务机构的直接冲击,如何打造有价值、重实效的网络气象服务,是摆在气象服务部门面前紧迫的课题之一。

6.1.1 传统网站的新突破

(1)开展立体化、多元化报道

网站具有大容量、快时效、互动性强、多媒体的特性,这就使得网络报道与传统媒体相比,更凸显立体化、多元化的特点,精心策划、精心组织和协调统一是实现立体化、多元化的有力保证。

首先,人员分工和组织协调要有序得当,文图视频一齐上,保证网络服务能有效有序地进行,服务人员应统一分配,各司其职,各负其责。其次,追求第一时间发布新闻,构建网络报道快速反应机制。与传统媒体相比,网站的发布成本低,操作简便,发布速度快,记者利用数码相机、手提电脑等就可以在现场快速上网发稿,为第一时间发布新闻提供有利条件。为保证第一时间将重大信息发布出去,网络媒体还有必要事先做好充分准备。最后,整合其他媒体的相关报道,取之有道,整理出新,这是媒体在重大新闻报道中应该采用的手法,可以丰富网站的报道内容,只要加工处理得当,标明类似"据某某媒体报道"字样,即可为我所用。

（2）开发更丰富的气象服务产品

气象服务中最重要的要素是服务产品，权威性的产品能提高气象部门整体的竞争力。

如2012年"十一"黄金周，是高速实行免费的首个黄金周，浙江天气网紧跟潮流，在国庆服务专题中推出了"自驾出游天气导航"服务产品，公众可自行查询自驾途中经过的城市天气预报和实况，并获得相应的天气提示和针对该地区的"十一"历史天气气候情况和历史天气事件。

然而每个产品都有其自身的生命周期，气象服务产品也不例外，都是从发展到稳定再到衰退的一个过程，因此，需要气象信息服务者具备发展的眼光和具有对社会发展的预见能力，对气象服务产品进行合理的规划与储备，依据社会发展动态和新兴市场需求，面对4G浪潮的到来，可以手机气象产品等为切入点，力求抢占市场先机。

（3）做好主题嘉宾访谈

随着网民素质的提高和趣味的提升，简单的专题已经不能满足用户的需求。这就需要对网络专题采取跟随式、深挖型的报道策略，对所关注的对象进行"贴身、深入"报道，并着重表现事件发展的过程性和连续性，试图呈现和还原事件每个发展阶段的即时情景和背后故事，从而使公众获得完整的信息认知。而做好主题嘉宾访谈则是达到这个目的的手段之一。通过主要当事嘉宾到网站做客，讲述新闻背后或者心灵深处的感人故事，从而使得整个专题的意义得以升华。

（4）利用好网络特色手段

新技术的应用一直在影响网络媒体的表现形式，对网络服务也不例外。网络是对文字、图片、音视频、Flash、互动调查等形式的集中呈现，让新闻内容图文并茂、视听共赏，使得整个网页"动"起来。

如2014年"3·23"世界气象日网络服务专题，很有创意地加入了"灾害模拟游戏"模块，该游戏是由联合国国际减灾战略（ISDR，全称 International Strategy for Disaster Reduction）提供的一个灾害模拟游戏，采用 Flash 动画技术，用户可以自行选择海啸、飓风、地震、洪水等任一灾害场景开始游戏。游戏还提供了多种与灾害相关的信息，如21世纪死亡人数最多的十大灾害、灾害科普视频、关于灾害的教学资源等。对于2014年世界气象日的主题"青年人的参与"也是很好的贴合和推动，对于青少年朋友来说，通过灾害模拟游戏，可以学习自然致灾因子和灾害防御等方面的知识，从而对如何面对和减缓自然灾害的发生有更进一步的认识。

（5）增强网民互动

网络媒体从根本上改变了传统传播模式的主要标志之一，就是模糊和淡化了"传"和"受"之间的界限，使"传者"和"受者"处于对等的地位，而且每个人同时具有"传者"和"受者"的双重身份。网络的交互氛围就是在此基础上形成的。因此，能否很好地体现网民的诉求、吸引网民积极参与成为网络服务能否成功的关键之一。

通过与网民公众的互动，可以知道公众的意见和要求，并加以改进，适时发布有明确目标公众群的信息，适时调整思路，在栏目设置、后期文章写作中得以体现。网络气象服务专题的主题选择多为关注度高的贴合网民生产生活的重大天气事件或需要气象保障服务的重大社会事件，因此互动性的设计可以提高网民参与的积极性。如微博的嵌入等,灵活地运用微博可以有效提高用户对专题的关注度。比如春运期间,是中国一年之中出行人数最多的时期,传统的气象服务是单方面地提供信息,而微博可以提供一种高效的互动方式,通过评论,将意见、感想、心情等种种反馈给网站,提高公众参与的积极性,拉近与网站的距离。

6.1.2 浙江省微博微信气象服务的发展畅想

气象微博与传统的气象服务和赢利方式相比,其最大的不同就是,传统的方式是定制式的、单向的、官方的,而气象微博则是开放式的、双向互动的、平民化的。气象微博在服务的及时性、到达率、覆盖率上均具有无可比拟的优越性,是一个非常好的气象服务工具,完全可以通过提高预报准确性、提高内容更新频率、增加互动性和可读性等办法,促进其发展。至于气象微博对传统气象服务经营模式的冲击,短期来看可能会有不利影响,但从长远来看反而是利好,因为它将传统的赢利空间从单一的气象服务产品扩展到几乎所有的产品领域。当然,这种用免费气象服务做影响力、用产品广告做经营的新型运作模式,是需要有《气象法》关于气象发布渠道法制化保障的,否则气象信息被非法、任意传播,势必破坏气象部门的经济基础,影响气象事业发展,导致新的混乱出现。

(1) 明确气象微博的战略定位

首先,要清醒认识到气象微博是创新科技给气象事业带来的从服务模式到赢利模式上的创新机遇,其巨大的优越性不仅是对传统模式的补充,而是高于传统模式甚至有可能与其他新的传播手段一起取代传统模式的新生事物。基于这样的认识,我们就要把微博放到气象经营创收的总体规划中去思考,放到下一轮经营方式改革创新的战略高度上去规划。因为时代已变,人们接受信息的方式已变,传统的经营创收方式迟早会被更新的更容易被用户喜爱的方式所取代,而微博也许就是新方式中的一种。与其被动地淘汰,还不如主动地去变革,积极去探讨如何将微博培育成新的更有效的服务和创收替代方式。有了这样的认识,就不会因为担心产生负面影响或影响传统的创收而在发展气象微博时束缚手脚。

(2)进一步提高微博的影响力

微博的影响力是由活跃度、传播力和覆盖度3大指标构成的。其中,活跃度代表每天主动发博、转发评论的有效条数;传播力与微博被转发、被评论的有效条数和有效人数相关;覆盖度的高低则取决于该微博的活跃粉丝数的多少。要提高微博的影响力,可以从以下几个方面着手:①做到及时更新,信息发布常态化,提高活跃度。人们穿衣、出行等日常生活均与天气息息相关,无论是天气的正常变化还是各种突发天气和气象灾害都是关注的热点,而这种关注时刻都在进行。如果信息不及时更新,三天两头都没有新内容,很快就会被粉丝遗忘。因此,加强微博的运营管理,信息发布常态化非常重要。②提高信息的质量和权威性。一条信息之所以被关注被传播,关键是信息要有被传播被关注的价值。气象微博是一个以气象信息服务为主的微博,它的价值就在于天气预报信息的准确性和实用性。如果预报信息老不准,自然就不会有人关注。所以官方气象微博的内容要真实可靠,时效性强,切忌道听途说,否则就会损坏官方微博的公信力和权威性。当前由于缺乏微博统一管理,各种渠道的天气预报微博泛滥,这时官方微博的权威准确就显得尤为重要。③学会用网络语言发气象微博,增加亲和力。官方微博并不是搭了个"官"字,就要高高在上,拒人千里。在内容准确权威的同时,一定要采取生动活泼的表现形式,使用轻松幽默的语言,将科学性、科普性和可读性有机结合,增添亲民色彩。如果老是板着面孔、八股文式的老套路,在这个全民娱乐的时代是不会受到欢迎的。④利用微博平台与网民进行良性互动。预报不准在所难免,气象微博的粉丝既是信息接受者,也是信息参与者和传播者,有质疑、有批评甚至是更为过激的言论也属正常。要加强对微博舆情的关注,并予以积极回应,决不能对网民的各种意见充耳不闻、视而不见。气象服务人员应与公众形成经常的对话,了解公众的需要,解答公众的疑问,形成良好的互动交流。只要用心做服务,回应批评的方式得当,就能在公众中塑造和树立起良好的品牌形象和口碑。像那种置之不理或"反正我信了"的回应方式,只能将自己置于舆情的对立面,引发更大的不满。其实,做好与网民的互动交流,不仅能有效化解矛盾、增进了解、吸引更多的粉丝,还能对气象预报形成有效的补充。试想一下,每逢有局地性的突发天气时,就会有无数的粉丝提供各地段的天气实况,告诉你哪里开始下雨了,哪里开始刮风了,哪里有冰雹、哪里有大风,就好比有无数的气象信息员队伍在为你主动提供天气实况,那该多好。⑤加强系统化行业微博群组或各级微博矩阵建设,打造省市联动"气象微博群"的强势宣传体系。气象部门可以考虑依托中国天气网和各省天气网,依托全国气象台站的地方资源优势,依托全国各级台站气象员工的联动,开发覆盖率足够大的系统化行业微博群组或各级微博矩阵平台。

（3）深度研究和开发气象微博赢利模式

气象信息服务的主要创收方式是随着时代发展而变化的,声讯电话和警报机都经历过由盛到衰的过程,目前一些大城市的手机短信也过了高峰期,气象微博能否成为未来公共气象服务的新增长点,可能性还是很大的。目前一些传统媒体已经开始加强与微博的合作,通过借助这个网络新势力提升自己的影响力。作为网络时代的新生事物,气象微博并不是没有盈利点,而是缺少系统、完善的盈利模式。只要找准定位和商机,同时在技术上加强对微博的监管和把关,利用微博独特的传播优势,气象微博的赢利前景就一定值得期待。除了硬广告投放、与手机和网站运营商分成等传统的盈利方式,嵌入式广告是未来微博重要的盈利办法。可以充分利用气象微博的行业优势,引导用户关注未来天气的同时,关注与天气气候相关的商品或商业活动,如夏季紫外线指数提醒、春游天气预报等都可以适时植入防晒霜产品、旅游景点特色介绍等元素。只要广告的植入浑然天成,与天气的配合恰到好处,就不会引起粉丝反感。如果一个微博的粉丝达到 100 万,就相当于一份全国性报纸,如果达到 1 000 万,就相当于一个地方电视台,如果达到 1 个亿,就相当于中央电视台。所以对媒体适用的赢利模式自然也适用于微博。如有偿发布公关性质微博、发布与气象产业链相关联或与气象生活相关联的产品广告、发布普通消费品广告、地区性气象微博发布区域性促销广告、承接微博营销项目等。总之,只要气象微博的粉丝群足够多,就有了赢利的资本,而且气象部门赢利的空间从原来的单一气象信息服务一下子扩展到了几乎所有的产品领域,从有限空间变成了无限可能。

目前,浙江省微信气象服务还存在不少需要改进的地方:①目前省本级和大部分县市的气象微信服务都比较单一,局限于单图文信息或多图文信息。②气象信息内容不够丰富,针对性不强,特色气象服务不突出。③关注用户量不够多,应扩大宣传力度。

因此,浙江省气象局应借助新媒体的优势,注重新服务方式与传统服务方式的创新结合,挖掘浙江省公共气象服务特点,思考和策划浙江省微信气象服务的发展方向。同时,可以借鉴和学习兄弟省市气象部门微信服务的理念和思路,还可以从其他行业获取灵感,来改进和提高浙江省微信气象服务水平。为此,提出以下建议和畅想。

1)未来可在微信服务号"浙江天气"设计新颖、有特色的自定义菜单功能块,实现各功能模块的高度集约和协同运作。

2)梳理目前浙江省公众服务的内容,充实可供公众号查询的素材库,实现模块的响应功能。如预警查询、气象热点、气象科普等等。

3)关注受众用户的需求,注重用户反馈信息的分析,优化微信平台相应方式。如开展问卷调查,用户上传实拍天气实景,推出气象论坛等等。

4)宣传气象产品。设置下载"智慧气象"客户端,微博,短信、彩信订制,96121声讯拨打宣传等等。

5)利用微信公众平台的一些功能,增加气象服务的趣味性,尝试一些"好看又好玩"的气象服务。如与用户互动方面,或者开展定位服务、私人订制天气预报等。

6)可尝试推出新鲜元素:天气对公众心情、出游等各种影响,比如"天气与音乐",在人们所处的各种状态下,结合季节、天气推荐合适的音乐,并适时更新音乐库;"天气与旅游"在不同季节、天气推荐合适的旅游地,可由考虑有主持人的拍摄片。"天气与小吃"同样是根据天气来推荐各种小吃。总之,把天气与人们生活的方方面面结合起来,挖掘结合点,制作要新颖。

7)产品推出形式可多样化,甚至可以制作浙江省气象专属的微电视或微电台。不定期推出一些专题,气象主播谈天气,或类似中国天气网"天气美女爆"等其他栏目……

8)从用户的感知出发,产品设计要时尚、年轻化,紧跟时代潮流。不管是图片、链接网站还是视频尽量有时尚的界面、焕然一新的展示、简约的菜单栏。

9)为了提高公众满意度,未来微信还要开发更多的互动功能,用户可以及时便捷地反馈使用体验和感受,以便更好地提高气象服务的质量。打造出真正贴近百姓、内容丰富精彩的"指尖"气象服务产品。

10)另外,气象部门要积极利用各种渠道和方式宣传微信号,增加用户关注度。

6.1.3 推动手机客户端在气象服务中的应用

在当前移动互联网技术飞速发展的形势下,气象类 App 的应用发展大势所趋,"智慧气象"要想不断推动发展,必须紧跟时代步伐,必须紧紧围绕用户需求,提供最方便最"贴身"的气象服务。

目前,手机客户端提供了气象与最新科技更充分结合的可能,针对气象服务发展的需求和瓶颈,未来一段时期,气象服务将更多的转向精细化的气象服务以及专业个性化服务需求上,这些新的需求与手机客户端基于位置的服务基础及便捷移动式特点不谋而合,将在一定程度上为气象服务带了新的发展。

在保持公共气象服务主体不变的基础上,未来客户端有向精细化专业化发展的趋向,客户端的用户体验设计更加人性化,交互性进一步加强,客户端的发展离不开对新技术的掌握,同时是气象科技成果与网络技术不断融合发展的结果。

（1）针对性强

手机客户端程序是服务产品和服务成果的最好传播者，下载、安装该程序的一般都是忠实客户或者潜在客户，一旦他们下载使用该软件之后就会成为长期的忠诚客户。手机客户端能够留住老客户、吸引新客户。

（2）移动性和位置相关性

移动性是手机所特有的特点，手机的移动性与位置相关性给手机具有了更多的功能，GPS定位和导航、防灾减灾预警、紧急搜救等。具有2G向3G网络过渡阶段的Blackberry技术曾经在美国"9·11"事件搜救任务中扮演了一个重要的角色，主要就是其可靠的网络保障和丰富的数据业务。

（3）市场需求广阔

手机客户端的市场前景非常大，其中占手机客户端市场最大的是系统是Android，IOS，Windows三大系统。随着智能手机的崛起，移动互联网也在短短两年内被广大手机用户所接受，面对全国4亿多的智能手机用户，移动互联网应用市场也逐渐被商家看重。

6.2 与新技术的结合

6.2.1 云计算的应用

从传统意义上来讲，云计算（Cloud Computing）可以理解为网格计算的商业升级版,它是一种超大规模分布式计算技术。云计算系统由大量服务器组成,同时为大量用户服务。它将计算资源、存储资源、网络资源等进行一系列整合并虚拟化,形成一种独特的分布式计算模式。但是对于用户而言,它就像一台超级计算机,它能将用户提交的庞大的计算处理程序自动拆分成无数个小的子程序,然后再将这些子程序分布到多台服务器分别进行数据挖掘、计算分析等处理之后,再将结果汇总回传给用户。

目前,云计算在我们日常生活中的应用已经随处可见,常用的例如搜索引擎、在线翻译、网络邮箱等网络工具,用户在使用过程中只需要简单的操作便可以快速获取准确且详细的信息,这些都是基于庞大云计算平台实现的。它不仅能通过分布式计算快速实现资料查找功能,而且还能实现热点数据的深入挖掘、分析等更多更复杂的功能。例如在线翻译,传统翻译软件的开发思路是不断改进算法,以期望软件能实现接近人们思维所要的那种结果;在使用云计算后,它可以将海量的用户习惯用语进行热点挖掘和分析匹配,仅仅采用常规的算法,就能实现找出最贴近人类思维模式的翻译结果,再次验证了云计算的强大功能。在云计算的光辉照耀下,人们的生活逐步出现各种特色的应用服务。

伴随着气象部门在公共服务行业中的职能责任越来越重,社会对气象信息的需求愈加迫切,对气象服务提出了更高的要求。气象数据作为整个气象行业的基础资源,日常的气象服务信息均来源于对气象数据的加工处理。如何面向政府做好决策气象服务,面向公众做好气象预报预警服务,都是依赖于如何对气象数据进行有效的挖掘、计算分析。近几年,随着气象数据的数据规模愈发庞大,逐步呈现大数据态势,并且随着业务量的快速增长,原来的业务模式在实现快速有效地进行气象服务上，也略显吃力。本节拟从云计算的角度来分析其在气象服务中的应用所带来的变化，以进行探究分析。

（1）云计算的发展及其优势

云计算是由分布式计算、并行处理和网格计算发展而来的，是一种新兴的商业计算模型。其最终目标是将计算、存储、网络服务与软件应用等作为一种公共资源提供给大众，使人们能够像水、电这样方便快捷地使用虚拟资源。目前主流的云计算服务主要有：软件即服务（SaaS）、平台即服务（PaaS）和基础设施服务（IaaS）。

软件即服务（SaaS）是云计算服务商事先将应用软件采用模板的形式统一部署好，用户通过互联网向服务商提出在线申请并应用；平台即服务（PaaS）则是将系统开发环境作为虚拟资源向大众提供服务，其范围包括：服务器平台、系统及相关的硬件资源等；基础设施服务（IaaS）是以虚拟资源池的形式为用户服务，包括数据存储所需的存储资源和虚拟服务器等。

云计算平台配置灵活、资源调度方便，能够按照用户需求在短时间内将多台虚拟机整合成一个虚拟资源池或者某台超级计算机。从用户使用角度而言，其主要优点如下：

1）用户可以根据自身需要定制服务器，避免资源浪费，维护方便，也降低了硬件采购费用。

2）使用方便，在云计算平台上各服务器之间数据共享使用方便，同时可以根据任务的轻重缓急，快速实现服务器资源调度实现弹性计算。

3）云计算平台已为用户提供安全可靠的服务器环境，一般都具有成熟的网络安全机制，同时对于网络服务器而言还具备多台服务器之间负载均衡的功能,用户只需要申请使用即可。

4)云计算平台还具有完备的灾备机制,用户不需要担心服务器宕机等引起的数据丢失,或者受网络攻击导致数据丢失的情况。云计算目前发展使然,是互联网技术的大方向。

(2)气象服务中遇到的问题

近几年随着信息技术的快速发展,人们对气象信息的需求日益高涨,对气象信息的获取途径、时效性的要求也越来越高。同时对应的气象业务量也呈现快速增长之势,主要存在以下问题:

1)存在多种不同结构的数据,综合数据处理流程繁琐,在出现数据更新异常的情况下,需要逐步检查各个流程环节,不便维护。

2)在数据文件存储,特别是在大量小文件的存储上不便管理,且随着时间的推移,数据量呈现井喷式增长。

3)在数据文件的分析应用上,只能对现有数据进行简单的读取应用,现有业务很难从区域大范围对各要素数据进行整体的分析,如无高性能计算机不能做进一步的数据挖掘和计算分析。特别对于一些较大的数据文件的读取应用,以及对热点数据的挖掘分析上,缺乏相应的快速响应机制,用户不能通过简单的接口快速获取到需要的数据信息。

4)网站服务器维护成本高,网络负载均衡在灾害性天气下是个很大的挑战,网络安全备份及灾备缺乏成熟的扩展机制。

(3)云计算在气象服务中的应用分析

根据云计算的服务应用,分析在气象服务过程中存在的数据存储、计算分析和网络负载等方面的问题。从云计算角度提出解决方案如下:

1）云平台分布式计算

如图 6.1 所示，借助云计算平台的分布式数据处理模式。在气象大数据的处理过程中，用户层将请求提交至管理层，管理层有主、备两个节点，如果主节点出现服务宕机，系统会自动切换到备用节点，确保系统正常工作。在此，主节点负责将用户提交的数据处理程序划分成多个小任务模块，然后分散到计算层中由多台服务器中去执行，在计算节点执行完毕后，再将计算结果统一汇总，最后将结果提交给用户。

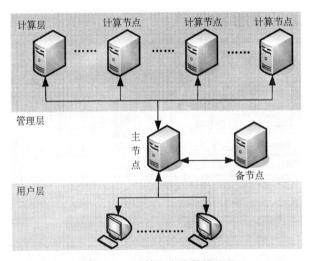

图 6.1　云计算分布式数据处理

随着业务量的增加，云计算平台中的计算节点后续可以增加；同时在数据处理时，系统同样可以实现弹性增减计算资源，以确保数据处理周期。云计算在大数据的处理上效果显著。将云计算应用于气象服务，可以实现数据快速处理，有效缩短业务处理时间，用户只要简单的操作就能快速获取其想要的数据信息，从而保障

气象服务质量。由于云计算正是针对大数据的有效开展应运而生的,而气象数据要素较多,区域数据量庞大。基于云计算平台可以做各类气象数据分析,诸如实现天气演变,提高预报精度;再则可以对历史数据、服务数据及用户反馈数据进行深入计算分析,实现服务热点的数据挖掘,从而制作出更贴合用户需求的气象服务产品。

2)云计算网络平台

图 6.2 所示的为借助云计算网络平台一体化解决方案,应用于网络气象服务。用户层通过互联网访问网络系统;网络安全层提供了一系列的网络安全机制,确保服务器系统数据的安全和网络的稳定;负载层则是根据当前网络流量及服务器的负载情况,均

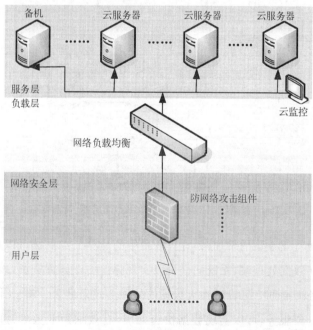

图 6.2　云计算网络平台

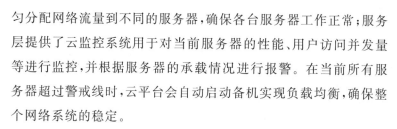

匀分配网络流量到不同的服务器,确保各台服务器工作正常;服务层提供了云监控系统用于对当前服务器的性能、用户访问并发量等进行监控,并根据服务器的承载情况进行报警。在当前所有服务器超过警戒线时,云平台会自动启动备机实现负载均衡,确保整个网络系统的稳定。

此外,云计算平台服务商一般都会提供较为充实的网络资源,包括:网络安全机制、网络负载、系统监控、带宽管理等。用户可以根据自身需要,在云平台上采购相应的网络资源使用即可,无须考虑安全性。从而一则避免资源浪费,无须像物理机一样需要定期维护机房;二则在解放机房空间的同时,也大幅降低了硬件成本。

3)云计算的其他应用

云计算平台不仅能轻松解决气象大数据业务的计算分析,及网络气象服务负载均衡等问题,在数据存储上同样具有优势,它能将海量数据存储在云平台上,并根据业务数据实际使用频率情况对数据实行在线和离线存储。实现在线数据文件的快速存取,热点数据优先快速处理,离线数据在业务宽松时间的后台处理,保证现有业务快速有效运行。

采用云计算平台不仅能解决现有气象业务遇到的瓶颈问题,而且若在省级建立气象基础数据中心平台,集中处理本省所有气象业务数据,市县则只需通过接口实时获取所需的服务数据,直接对外气象服务。从而不仅能大幅提高气象服务工作效率,而且在很大程度上提升了地方气象业务能力和服务质量。

6.2.2　大数据时代的机遇与挑战

大数据指的是所涉及的资料量规模巨大,无法透过目前主流软件工具在合理时间内完成信息数据处理。大数据是一个具有国家战略意义的新兴产业,各国政府机构积极推动大数据技术。美国于 2012 年 3 月 29 日启动"大数据研究和开发计划",旨在提高和改进人们从海量和复杂的数据中获取知识的能力,加快科学、工程领域的创新步伐,增强国家安全,把大数据看作"未来的新石油"。英国、澳大利亚等国政府也开始大数据研究进程。大数据研究成为社会发展和技术进步的迫切需要,引起了产业界、科技界以及政府部门的高度关注。

大数据已在网络通信、医疗卫生、农业研究、金融市场、气象预报、交通管理等方面广泛应用,通过数据整合、分析和挖掘,其所表现出的数据整合与控制力量已远超以往。

首先,我们要把握什么是"大数据"? 一般而言,目前比较普遍的说法是大数据的 5 个"V",即 Volume(数据体量)、Velocity(处理速度)、Variety(数据类型)、Veracity(数据真实)、Value(价值)。

1)数的体量巨大:指收集和分析的数据量非常大,从 TB 级别跃升到 PB 级别。

2)处理速度快:需要对数据进行近实时的分析。以视频为例,连续不间断的监控过程中,可能有用的数据仅仅一两秒。这一点和传统的数据挖掘技术有本质区别。

3)数据类型多:大数据包含多种数据源,数据种类和格式日渐丰富,包含结构化、半结构化以及非结构化等多种数据形式,如视频、图片、地理信息等。并且半结构化和非结构化数据所占份额越来越大。

4)数据真实性:大数据的内容是与真实世界中的发生息息相关的,研究大数据就是从庞大的网络数据中提取出能够解释和预测现实事件的过程。

5）价值密度低：必须通过分析数据，从大量的数据中可以得出有价值的信息。

当前大数据分析面临的主要问题有：数据日趋庞大，无论是入库和查询，都出现性能瓶颈；用户的应用和分析结果呈整合趋势，对实时性和响应时间要求越来越高；适用的模型越来越复杂，计算量指数级增长；传统技能和处理方法无法应对大数据挑战。气象服务未来的发展面临着精细化、专业化等方面的挑战，而要达到服务精细化的目标，不仅需要海量的气象数据，还必须将气象数据与行业数据、地理信息数据等的结合，而这也对我们在大数据的分析运用方面提出了新的要求。

（1）多领域数据的结合

及时地整合系统内部的各类服务产品和最新的气象现代化建设成果，主要包括：气候、雷电、人工影响天气等各专业的产品、各种探测手段取得的数据、现象、视频等科学数据，积极运用奥维，3Dmax，Weathermap、OPEN3000等影视软件技术将上述数据、产品可视化。如雷电密度分布图、夏季高温区域图、汛期台风路径图、雷达演变图、汛期暴雨实况及预报、小时雨量演变图（了解雨区发展方向）、灾害性天气等等，丰富产品内涵，增强服务产品科学性，达到更好的可视化效果。

总之，需要积极开辟新阵地，开拓新领域，体现气象与人民生产生活、与各行各业方方面面的紧密关系。要加强新技术的应用、充分发挥气象科技优势，增强气象网络服务产品的科学性、时效性，提高气象网络服务工作的科技水平。

（2）基于最新技术的创新发展

1）反应式编程技术的应用。反应式编程是大数据处理最新编程理论，可以显著提高大数据管理效率，将是解决下一代手机、大数据应用的热点技术。

2）极速存储技术解决存储系统的 I/O 瓶颈。应用 Fusion－I/O极速存储技术，极大提高系统的运行效率问题；系统级、应用级的 I/O 性能加速；3 千米×3 千米全国数据融合过程从 50 分钟缩减至 5 分钟；精细化产品质量检验从 60 分钟缩减至 10 秒。

3）多模式集成预报技术有效解决精细化预报产品加工问题。

（3）大数据处理工具

关系数据库在很长的时间里成为数据管理的最佳选择，但是在大数据时代，数据管理、分析等的需求多样化使得关系数据库在很多场合不再适用。

图灵奖获得者、著名数据库专家 Jim Gray 博士观察并总结了人类自古以来在科学研究上先后经历了实验、理论和计算 3 种范式，随着当代数据量不断增长和累积，传统的 3 种范式在科学研究，特别是一些新的研究领域已经无法很好地发挥作用，需要一种全新的范式来指导新形势下的研究分析，对于大数据的处理工具面临同样的问题。

目前最为流行的大数据处理平台是 Hadoop，Hadoop 已经发展成为包括文件系统（HDFS）、数据库（HBase，Cassandra）、数据处理（MapReduce）等功能模块在内的完整生态系统。除了 Hadoop，还有很多针对大数据的处理工具，这些工具有些是完整的处理平台，有些则是专门针对特定的大数据处理应用。

参考文献

陈鑫.2011.电子商务网站支付方法研究[J].电子商务,**17**(8):12-14.

陈钻,李海胜.2012.新型台风海洋网络气象信息系统的设计与实现[J].应用气象学报,**14**(2):12-15.

程莹,冯国标.2011.浙江气象服务在新传媒时代的生存与发展[J].浙江气象,**32**(1):18-22.

符天,白蕾,王贞.2011.Web服务器的安全及负载平衡的研究与实现[J].软件,**5**:23-25.

高峰,王国复,孙超,等.2011.后台管理模式在数据共享平台中的应用[J].应用气象学报,**22**(3):367-374.

高峰,王国复,喻雯,等.2010.气象数据文件快速下载服务系统的设计与实现[J].应用气象学报,**21**(2):243-249.

巨晓璇,杨承睿,屈直,等.2014.移动互联网时代陕西省气象信息服务发展现状及思考[J].陕西气象,(3):38-40.

李爱霞,陈晓静.2007.浅谈网络气象科技服务[J].科技资讯,(17):70.

李国杰,程学旗.2012.大数据研究:未来科技及经济社会发展的重大战略领域[J].中国科学院院刊,**27**(6):647-657.

李建.2009.手机3G网站在气象服务中的应用探析[J].浙江气象,**30**(C00):89-91.

李建.2013."无线城市"浙江气象站的设计与实现[J].计算机应用研究,**30**(1).

李建.2014.浙江天气网气象商城系统设计和实现[J].计算机应用研究,**31**

（z1）：362-363.

李建 . 2015. 基于手机位置信息"我的气象台"的研究与实现[J]. 计算机应用
　　研究，**32**（7）：291-299.

李毅兵，张哲. 2012. 基于 B/S 模式的在线支付系统的设计与实现[J]. 电脑开
　　发与应用，**16**（8）：8-10.

梁晓妮，雷俊. 2014. 浅议新闻策划在浙江天气网新闻采编中的运用[J]. 浙
　　江气象，**35**：36-38.

钱吴刚，沈萍月，李建. 2012. 浙江天气网气象商城市场分析[J]. 浙江气象，**12**
　　（2）：10-12.

史彩霞，刘世学. 2012. 浅谈网络气象科技服务系统的设计与开发[J]. 气象研
　　究与应用，**29**（6）：131.

孙健. 2012. 网络气象服务分析与展望[J]. 气象科技，**15**（1）：8-9.

孙利华，吴焕萍，郑金伟，等. 2010. 基于 Flex 的气象信息网络发布平台设计
　　与实现[J]. 应用气象学报，**21**（6）：754-761.

王波 . 1999. 负载均衡构建高负载网站的利器[J]. 中国计算机报，**94**：8-10.

王昕. 2011. 支付宝终结者[J]. 东方企业，**18**（8）：13-14.

吴代文，郭军军 . 2012. 电子商务网站在线支付模块的集成研究[J]. 信息技
　　术，**15**（7）：5-6.

吴代文，郭军军. 2012. 电子商务网站在线支付模块的集成研究[J]. 信息技
　　术，**15**（7）：14-18.

张曦岚，薛连双 . 2011. 网管网络高可用性解决方案[J]，电信网技术，**2**：
　　22-24.

郑伟才，李建，马琰钢，等. 2012. 气象网数据产品监控系统应用开发[J]. 计算
　　机与网络，**38**（427）：138-140.

Hey T，Tansley S，Tolle K. 2009. The Fourth Paradigm：Data-intensive Scien-
　　tific Discovery[M/OL]. Microsoft Research，Redmond，Washington.